远逝的记忆

——澄迈火山岩民居建筑形态与保护研究

周乃林　杨萌萌　陈进东／著

U0340528

吉林大学出版社

·长春·

图书在版编目（CIP）数据

远逝的记忆：澄迈火山岩民居建筑形态与保护研究 /
周乃林，杨萌萌，陈进东著. — 长春：吉林大学出版社，
2023.5

ISBN 978-7-5768-1733-1

Ⅰ．①远…　Ⅱ．①周…②杨…③陈…　Ⅲ．①民居－
建筑艺术－研究－澄迈县　Ⅳ．① TU241.5

中国国家版本馆 CIP 数据核字（2023）第 102751 号

书　名　远逝的记忆 ——澄迈火山岩民居建筑形态与保护研究
　　　　　YUANSHI DE JIYI ——CHENGMAI HUOSHANYAN MINJU JIANZHU XINGTAI YU BAOHU YANJIU

作　　　者　周乃林　杨萌萌　陈进东
策划编辑　李承章
责任编辑　周婷
责任校对　曲楠
装帧设计　康博
出版发行　吉林大学出版社
社　　　址　长春市人民大街 4059 号
邮政编码　130021
发行电话　0431-89580028/29/21
网　　　址　http://www.jlup.com.cn
电子邮箱　jldxcbs@sina.com
印　　　刷　湖南省众鑫印务有限公司
开　　　本　787mm×1092mm　1/16
印　　　张　12
字　　　数　320 千字
版　　　次　2024 年 5 月第 1 版
印　　　次　2024 年 5 月第 1 次印刷
书　　　号　ISBN 978-7-5768-1733-1
定　　　价　70.00 元

序

海南岛由于地理位置的特殊性,火山喷发后逐渐形成堆积岩层,经演变而成的火山岩被当地人民用来建造民居,形成特色的地域文化和建筑形态。自古以来,人民利用火山岩作为建筑材料建造使海南民居建筑蒙上一层特殊的地域性色彩,加之海南多元文化的交融,产生了海南特有的民居建筑风格。以琼北民居来说,早在汉代就有移民迁到海南岛,带来其当地的文化习俗和建筑技艺,就地取材建造民居,使静躺亿万年的岩层以另外一种形态被利用到人民的生活中,作为建筑与雕刻材料,从而被赋予艺术的灵魂、文化的深度与生命的厚度。为海南人类留下厚重的文化遗产。

火山岩民居建筑的形态与保护研究是反映琼北人民生活习俗与文化形态的显像。澄迈火山岩民居建筑则是较典型的代表,调查研究澄迈火山岩古村落的形态更是能了解海南移民文化所保留的一些遗韵。随着社会的发展,古老的村落慢慢地消失在现代化的进程,火山岩民居建筑渐渐远逝在人们的记忆中……《远逝的记忆——澄迈火山岩民居建筑形态与保护研究》旨在记录火山岩民居建筑的某一时间段的形态记忆,以期挽留远逝的一点记忆,唤醒人们对火山岩民居建筑保护的意识。

本书是在夏敏主持的海南省社科联课题《海南琼北火山岩民居建筑形态与装饰艺术研究》研究基础上整理而成的。在澄迈县文化部门的大力支持下,课题研究小组到罗驿村、南轩村等火山岩建筑较密集的古村落开展田野调查,访问、记录各类信息,再经整理形成现有文献资料。本书对澄迈火山岩民居建筑人文环境、文化习俗、建筑保护形态进行概要描述并列有图表说明。本书编写从调研到文献整理,所需时间较长,参与的人员也较多,课题组成员全都直接参加本书的编写工作,本人在主持人夏敏的安排下主持编撰工作,夏美娟、杨萌萌、张立、陈进东、邹世全、王康海、熊海龙等同志辅助编撰,各负责一部分文字编著任务,夏敏、马杰、陈立立等老师审核、指导。大家协力合作,查找文献资料、整理调查报告、编撰文稿、调整图片与表格等整个过程都得各位不遗余力的支持与参与,才有本书的顺利出版。

本书仅表现当前琼北澄迈火山岩民居建筑的形态与保护研究,其中有些文献、文化习俗作为访谈记录,不作严谨考证,在本书出现的仅作为参考,不作为依据。

周乃林于海口
2021 年 11 月

目　　录

绪　言

海南传统民居建筑风格有较浓厚的地域特色和民族特色,中部、南部地区以黎族、苗族民居为特色,而琼北地区的居住建筑包括琼山、文昌、琼海等传统民居、骑楼民居,以及澄迈火山岩民居。

海南岛是移民聚居地,早在汉代以前就有移民迁入海南。最早的移民大多由闽南地区迁移而来,早期民居体现出深厚的闽南风格。后来,岭南、云贵及东南亚等周边地区移民带来了各自地区的文化,琼北民居也逐渐加入岭南风格。同时,大量来自中原地区的驻军带来了中原文化,使得琼北民居也融入了某些中原建筑元素。

近现代,大量海南人前往南洋谋生,带回了其时经受西方殖民影响的南洋文化,海南民居又随之融入了欧洲风格,不仅影响了传统民居形式,带来了新的民居形式——骑楼。多元建筑元素交融是海南民居最大的特点。

1.海南民居建筑的特色

海南传统民居的型制格局一般为独立院落式砖瓦房,堂屋是其主体,也是家族的中心。挨着堂屋的左侧是两个小屋子,靠院墙的为厨房,另一个为杂房,杂房放粮食或工具等。有的杂房也置床,子女多的家族女孩子也常住其间。对着厨房的是小院门,小院门也盖成瓦房式,下雨天可以在那里堆积或晾晒东西。紧靠院门而又靠着院墙的是柴火房,也是厕所,用来放置农具或置鸡舍。不过,一般民居院落围墙旁都种有果树,这样既起到了美观、绿化的作用,又可多阴凉,海南的热天较长,果树开花结果时节,总有沁人花香随风潜入夜,伴居民进入梦乡。

(1)文昌民居

文昌民居具有海南汉族民居十分典型的特征,这不仅反映在它普遍采用了具有浓郁海南特色的类四合院式平面布局,而且体现在它选用材料的考究上。20世纪二三十年代,当海南民众还普遍较为贫困的时候,文昌人因具有海外华侨眼光,已开始追崇时称"红毛灰"的进口水泥以及坤甸木等建房材料,在木雕、彩绘等房屋的局部处理上则更为精致。

值得一提的是,在文昌的自然村落里可以普遍看到多进院落中和睦相处的邻里关系,门相对、屋相连,前后一条线、高低有次序,以示同心不欺、平等相待。从外观来看,多进院落中的这几户人家更像是一个密不可分的大家族,而在内里他们又都有各自的生活秩序和空间,海南民居外封闭内开敞的特点在这里体现得淋漓尽致。其代表作品,当数会文镇的十八行村古建筑群。

文昌民居建筑还有一个比较典型的特点,就是其建筑的里墙外墙及一些构件都绘制壁画。文昌人喜欢住宅有装饰,历来建造房屋都有绘制壁画的习俗。人物画常见于祠堂祖庙,有象征吉祥的龙、凤、麒麟等。关于民间住宅壁画的布局,一般都是在门楼正中上端和两端上墙,正厅横廊人字檐,正厅大门西侧上墙、房门拱和窗门拱等处进行绘画装饰,这样的布局使得整间住宅增辉添色、典雅庄重。壁画取材广泛,乡土气息浓郁。人们最喜欢在住宅里绘画民间流传的吉祥物,如在正厅横廊里常画的有象征喜上眉梢的"喜鹊登梅",或是象征高尚品德的松、竹、梅,意喻金玉满堂的金鱼和海棠,表示连年有余的莲花和鲤鱼等。正厅大门的西侧上墙常画"狮子戏球",窗门拱常画的有象征延年益寿的松、鹤及号称富贵的牡丹花。而在窗户造型上,人们则喜欢雕塑"囍"字。其中有不少住宅壁画更是纸灰泥浮雕,造型活灵活现,栩栩如生。文昌人民的这些壁画的色彩经久不褪,主要还是源于颜料的配制。过去民间壁画艺人采用的颜料是一种山坡上拾来的具有自然色的粉石,用米酒、赤砂糖配制调匀而成,现在随着人们生活的不断改善,建房很讲究装饰,民间壁画艺人为了适应这种形势,除了在题材、构图、表现手法等方面既继承传统的丹青高技,又有创新外,还在颜色上下功夫,采用广告颜料和大红、孔雀蓝等,所绘制的壁画色彩更加鲜艳悦目。

(2)琼海民居

琼海地处海南东部的平原地带,濒临南海,地域开阔,自古以来这里便是海南经济文化发达之地。嘉积镇在明清时,便是富甲一方的商埠。据史书记载,琼海居民祖先多来自福建。因而海南文化也是中原文化的延续,反映在民居的型制和民俗上,也必定与中原地区有相同之处,但是由于时代的变迁,它们又形成了自己独有的特色。其民居格局型制不但受时代文化的制约,也顺应生活实用需要发展,还流露出了最朴实的审美需要。

琼海的民居不是海南传统民居中的唯一代表,但是它是海南民居中最为普遍的样式。在琼海的乡土村落中,民宅是一个家族尊严的外在表现,民宅从开始的选址到以后的家族生活,都与民俗文化有着很大的联系。当地人几乎是把全部的价值观和对生活的热爱都熔铸到民居里面去了。

(3)澄迈火山岩民居

澄迈火山岩传统民居建筑大多数建于明清时代,历史背景浓厚,不过现存的火山岩民居大都经过翻新。火山岩传统民居院落沿用竹筒屋布局特征,即短面宽,长进深,两户间形成长巷,多排并列形成村。建筑风格受海南琼北传统民居、多风雨的气候等多种因素影响,从而形成以火山石为主体建材的热带风情建筑群。

火山岩民居主要分布在海口西南羊山地区、定安、澄迈北部以及儋州市木棠镇、峨蔓镇。

2.海南民居建筑的文化习俗

(1)住宅选址

海南民居住宅的选址只能在自己祖宗的地里,不能占别人的祖地。祖地是前辈人或买或开拓出来的。对住宅的营造,家家户户都是极为重视。造房子之前,请来阴阳风水先生看风水定阴阳,风水先生根据住宅型制和选址的地势风水来确定住宅的朝向,然后择选良辰吉日,祭祀土地爷,祭祀祖宗,这才动土营造。这时候同宗同族的男男女女都来帮忙,即使是嫁出去的女儿也牵儿带女回来。这种带有迷信色彩的民俗礼仪一直伴随着一个家族兴旺到衰败的全过程。

堂屋是住宅的主体,它比其他房子都要宽敞高大,在院落中显得特别突出。堂屋分为二部分,中间为客厅,客厅里设有三殿堂,供奉祖先神位。年时节下,生辰忌日,都在这里设祭行礼;婚丧大典也在这里举行;平素若有贵客临门,也在这里接待。出嫁了的女儿回娘家一定得经过正院门然后进入堂屋拜见父母。由此可见,堂屋是宗法制家族的象征,是家族的礼制中心、教化中心。海南谚语"上室教子下室知",反映的是海南建筑的结构布局和文化教育的双关意义。

（2）当地习俗

当地传统习俗,只有儿子才能继承堂屋,且如有多兄弟的,只有大儿子才能继承堂屋。如兄弟分家和折产分居,在新建住宅时必须有堂屋才真正算是有了新家。在谈婚论嫁时,一般女方最为关心的是对象有没有自己的堂屋。

不管是一般的传统民居还是南洋风格的骑楼建筑或是火山岩民居,按照传统的建造都是封闭性独立院式的,其反映了在自然经济下农民的保守思想和狭隘心理,同时,这种院落式建筑型制也反映了中原文化在海南的延续。

3. 澄迈火山岩民居建筑调查研究工作

本书针对海南琼北火山岩民居建筑形态做了详细的调查与研究。目前,琼北火山岩民居建筑破坏严重,很多农村的老屋、古建筑由于年代久远,无人居住,又失修严重,损坏倒塌;有后世继承者的,随着时代的发展,住宅翻修也随时代建筑风格而建,都是钢筋水泥结构建筑,几乎没有再建传统砖瓦结构的住宅,因此很多原始村落不复存在。

在选择调查地域的时候,我们选择澄迈北部较集中的、保存较完整的村落进行调查与研究。如老城镇的罗驿村、马村、大丰镇的大丰村、美亭镇的美榔村到永发镇的南轩村等十多个村庄调查研究。用走访、查阅资料、实地考察等方式、方法来完成本书的研究工作。

第1章　火山岩民居建筑基本概况

本章为海南火山岩民居建筑调查概况,以澄迈县火山岩古村落调查为例。

澄迈传统古村落因其民居全用火山岩材料建筑而成,故俗称火山岩古村落。火山岩古村落的建筑文化具有浓郁的地方特色,人们用火山岩材料表达了他们抽象的建筑观念,将建筑材料按照建筑的技术与艺术,有机地组织在一起,从而构成其在特定空间形式中的形象,展现出一定的文化观念和主体意识。

1.1　历史沿革及本体状况

澄迈火山岩古村落大多是宋代以后形成的。古村落在立村之后,随着人口的繁衍,屋宇逐渐增多,古村落的规模逐渐扩大,这些古村落虽历经几百年,甚至上千年的岁月洗礼,至今仍在为人们服务。澄迈古村落按其立村年代大致分为三个时期,即元代及元代以前立村的古村落、明代立村的古村落。元代及元代以前立村的古村落,主要有石石矍村、谭昌村、龙吉村、罗驿村、美郎村、大美村等;明代立村的古村落主要有道吉村、儒音村、扬坤村等。

澄迈火山岩古村落集中分布于北部的老城镇老城片区、白莲片区和中部的金江镇美亭片区、东部的永发镇永发片区,即沿古驿道澄迈至府城沿地分布。这些古村落的存在是由澄迈县所处的地理位置、历史条件和气候所决定的。古村落形成时间为一千多年到几百年不等,现存民居以清代建筑居多,多为活态使用,空房率较低,大多保存完好。火山岩古村落地域分散,损坏程度不同:有的保存相对完整;有的古代建筑、现代建筑混杂其间;有的则完全荒芜,无人居住;有些古民居则完全倒塌成为一片瓦砾。这些村子的建筑几乎全用火山岩砌筑,石头铺路,石头围墙,石头造房,石门石缸,石槽石盆,与火山岩地形地貌融为一体,形成了独特的人文风光,作为琼北火山岩地区较有代表性、保存较好的古村落群,为中国乃至世界所独有。

1.2　火山岩古村落的建筑文化

澄迈火山岩古村落的建筑文化具有浓郁的地方特色,人们用火山岩材料表达了他们抽象的建筑观念,将建筑材料按照建筑的技术与艺术,有机地组织在一起,从而构成其在特定空间形式中的形象,展现出一定的文化观念和主体意识。火山岩材料的利用,对澄迈县古村落建筑特色的形成有着重要的影响,具有非常高的历史文化价值。

澄迈火山岩古村落、火山岩民居建筑传承近千年,经历了历史的洗礼和检验,说明它的建筑材料及其使用技术与艺术的成熟,建筑体系特别优越;文化内涵精深,是人类宝贵的民居建筑文化遗产。古村落扎根于民间,居住空间与民居建筑反映地方文化特色,其文化形态富于创造精神,具有独特的文化价值和原生态环境魅力。

1.2.1　量多面广

海南文化独特、包容,海南传统村落承载着海南历史的缩影、文化的精华和乡愁的寄托,具有很高的历史价值、文化价值、科学价值、艺术价值和旅游价值。目前,海南省总共有47个中国传统村落,其中,澄迈县入选中国传统村落名录的传统村落有15个,为全省最多,占31.9%。此外,澄迈县火山岩古村落群共有26个村。澄迈传统村落集中分布在永发镇南轩村、秀灵村、那雅村、儒音村、美楠村、美墩村、美傲村、道吉村、儒陈村、儒昂村,老城镇的罗驿村、龙吉村、谭昌村、石石矍村、倘村、荣堂村、好用村、文大村、儒峨村,金江镇的大美村、扬坤村、美椰村;此外,还有大丰镇的大丰村。

1.2.2　澄迈传统村落的特点

澄迈传统村落有五大特点。一是村落多而分布广。据统计,位于澄迈境内东北部的老城、金江、永发、桥头、大丰等5个镇,共拥有传统村落26个。二是历史建筑大部分保存完好。村庄民居房屋连片分布,多为石木结构瓦房,墙体砌法为干垒,外平内糙,取材火山岩石,风格独特,石道石巷,纵横交错。三是古祠古庙、古塔牌坊、古墓葬、名人故居等名胜古迹众多。譬如美椰双塔、南轩照壁、罗驿村李氏祠堂、大丰古街、封平约亭等无不遐迩闻名。四是石制器具、物品种类多样。其中,石磨、石臼、石盆、石槽、石碑、石柱等遍布乡里,与当地居民生活密切联系。五是习俗文化源远流长。"公期"祭祀活动内容丰富,自古而然,代代传承,经久不衰。

1.2.3　文化多彩,风俗独特绚丽

澄迈传统村落的形成历史悠久,澄迈火山岩古村落大多是在宋代以后形成的。澄迈古村落按其立村年代大致分为三个时期,即元代及元代以前立村古村落、明代立村古村落、清代立村古村落。这些传统村落活态传承着颇具特色的风俗文化、古朴的民族民间艺术文化等,彰显出澄迈民族文化的原生性和历史文化的厚重性。澄迈县建制历史悠久,是海南西汉时期三大历史名邑(即玳瑁、紫贝、苟中)之一,是海南民俗文化的发祥地。澄迈县传统文化底蕴深厚,民间文化艺术形态丰富。澄迈是海南省现存最古老的剧种即琼剧最早的传播地之一。此外,花瑰艺术(根雕)、冼夫人信俗、澄迈民间炭相画、澄迈八音、澄迈民谣、澄迈谚语、押手丁、盅盘舞都极具特色,充分表现了澄迈劳动人民的智慧和创造力。

澄迈传统村落民俗文化包括:民族民间造型艺术(包括民族民间绘画、雕塑、陶瓷、剪纸、编织等)、民族民间表演艺术(包括民族民间音乐、舞蹈、戏剧、曲艺、杂技等)、民族民间文学(包括民族民间谚语、歌谣、故事、山歌、民歌等)、民族民间特色活动(包括民俗活动、民族民间节庆活动、传统游艺活动等)。

1.3 澄迈县火山岩古村落村庄简介

1.3.1 美榔村

美榔村又称"买榔村""美郎村""美罗村",位于海南省澄迈县金江镇东北部,距县城5公里,坐北向南。永(永发)美(美亭)线公路从村前跨越,连接金江、永发两镇,贯通中线、西线国道,交通十分便利。美榔村地势呈西北、东南走向,西北民居聚集,南部是广阔的田野,土地肥沃,是当地粮食、瓜菜主要产区。原野丰茂,景观秀丽。如图1.1所示。

村中的民居均是木石结构(石是火山石,木是苦楝树、菠萝蜜格等材质)瓦房,由25条火山岩铺设的村道连接,其中保存完好的古道有5条,整体风貌保存完好。村前的土路如今全部铺上了火山石,整洁、美观、舒适。村内有水井5口、池塘7口,分别分布于村庄的南北西东。塘水清澈,塘岸碧绿,水色风光怡人,松涛水库的渠道从村外穿过,水源充足。村外周边农田广布,沃野翠绿,景色优美。

美榔村自宋代立村至今已有800余年历史,最先由周氏族人在此暂居,后有王姓族人来此居住,后有陈姓族人移居至此,是海南历史传统建筑较为典型的小村庄,传统建筑较多。村东南隅有全国重点文保单位"美榔双塔",又称"美榔姐妹塔",如图1.2所示。其中,姐塔平面六角、五层,妹塔平面六角、七层。石雕工艺精湛,造型美观,是古代海南石雕的传统技艺代表之作。塔前有古榕树三棵,双塔坐落在水塘中,中间有一宋代石板桥穿过。塔基水塘水源来自附近两口水井,流水清澈,终年不断。村内还有石塔、庙宇、祠堂、古道、墓葬、石碑、碑刻等名胜古迹,建筑种类齐全,数量众多,规模宏大,文化底蕴深厚,具有较高的历史、艺术、科学价值。

美榔村村域面积约2平方公里,村庄占地面积50亩(1亩,合666.7平方米),现状人口为521人,常住人口365人,共有109户,居民为汉族,以种植水稻、香蕉、瓜菜为主要产业。村中有91户为传统石砌的古民居,18户为砖混平屋顶民居。村内还有美榔双塔、辑瑞庵遗址、仙寿庵遗址、灵照墓、陈道叙周氏合葬墓等文物古迹。美榔村的古民居建筑大多是院落的形式,建筑布局大体相似,房屋数量多,布局紧凑,形成讲究的套院以及组群式住宅,可供一个家庭数代人的繁衍生息。所以这些大家族往往还有公有共用的地方,如堂屋、天井等。建筑组群的紧密布局和家族的相互依靠、完美配合,体现了大家族的凝聚力。

美榔村至今基本保持着原有使用功能,其生活方式和地方文化延续不断,是地方社会进步和变化的生动参照点,向人们展示了海南地区文化的多样特征,具有很高的社会文化价值;美榔村优美的山水环境,厚重的人文积淀,有很高的保护与利用价值,美榔村作为不可复制的稀缺文化资源,包含了丰富的历史、文化、艺术和科学内涵,是公众了解古代人口迁移、择居风水、建筑形制、村落演变、理学思想及金江镇民俗的重要场所。

图 1.1　美榔村全景图

图 1.2　美榔姐妹双塔(全国第四批重点文物保护单位)

1.3.2 大美村

大美村隶属澄迈县金江镇管辖，位于金江镇的东北面，地处古县治苟中县地带。距县城金江 15 公里，美亭至永发的水泥公路从村旁穿越而过。村庄占地 1 500 亩，村域面积为 15 平方千米。

大美村的古屋民居最具特色。如图 1.3 所示，全村现保存有火山岩石垒砌的"一间三格十柱式"古石屋 210 多间，占现有居民建筑的 70%。其中，有 12 间古石屋建筑工艺精湛，石屋的四周墙均用较大的火山岩方石垒叠而成，方石向外的一面都经过精雕细刻，有表面平整、线条划一的直观效果，如图 1.4 所示。村子有 12 条由石块铺设的东西向的古石道，石屋沿石道左右分布，形成方块状，较为整齐美观。王氏宗祠是村中古建筑的代表作，从布局到选材制作相当讲究。宗祠始建于明朝嘉靖年间，迄今已有 400 多年。清朝道光年间重修，坐东朝西，规模扩大为三进四合院式布局。有外庭、照壁、角门、前庭、中庭、后庭、围墙和厢房。东西长 70 多米，南北宽 20 米，占地 1 400 多平方米，建筑面积 640 平方米。2006 年 5 月 10 日，大美王氏宗祠被澄迈县人民政府定为县级重点文物保护单位。本村内还有京官王赞襄故居，王赞襄的内史坊、内史碑，将军庙，大美社学，文昌阁等古建筑。

图 1.3　大美村民居分布图

图 1.4　大美村火山岩小巷

1.3.3　扬坤村

扬坤村原名绿水塘,后更名为现名。扬坤村是由绿水塘、双井、美敬、新村四个小自然村(点)组成。

如图 1.5 所示,绿水塘因村中水塘从古至今水碧绿而得名,村前有水塘,后有茂密的树林,几百年的加布树(见血封喉树)在村后屹立,高大茂盛,村子房子以村前水塘为中心,呈扇形分布排列,路巷之水全部回归"明堂",村前还有俗称写字台的"案山";双井村因村中两井并列在一块得名,村前有一个分高低两级的水塘,村的右侧不远处有一个果园,果园里种植荔枝、龙眼、莲雾等水果,不远处是上千亩的大美水库;新村是黄姓人家在清初由海口市东山镇迁居至此,村前松涛灌溉渠道绕村而过,村后大树茂盛,竹林交错,植被极好;美敬村,亦称美庆村,均为王姓,是最早定居扬坤村的人,美敬村的房子部分呈倒人字形堆筑,如王氏祠堂房子的建筑,其他房子的墙体均为平面堆砌。四村点排列呈一字略弯,都是火山石建造,石房石村道,是具有琼北一带特色的火山石村落。美敬村村前是一个半月形的水塘,塘前有多年生长的杂树排成一行,似时时守卫村庄的卫士,对抗北风的侵犯;村右前方的古榕树更有独特的风韵。

扬坤村村庄占地面积 150 亩,村域面积为 3.5 平方千米。村庄内的路巷、房子保持古老的形态,村落环境自然古朴,植被覆盖率较高,周边环境生态保存较完好。绿水塘村前、村东南面有上百年以上的古榕树 5 棵,村后有几百年以上的加布树,村民闲暇时可在树下度过悠闲的时光。扬坤村传统民居如图 1.6 所示。

图 1.5　扬坤村村落全景图

图 1.6　扬坤村传统民居

1.3.4　龙吉村

　　龙吉村建村始祖郑宋公,又名郑朝儒,原籍福建莆田,官任中宪大夫、雷州同知等职。郑宋公于宋代庆元年间(1194—1200 年)渡海过琼,浏览迈岭,见得迈岭上页岩妙布,有一朔石状如龙头,左右两侧各有一池,似如龙目,远看犹如一巨龙盘踞岭上,郑宋公欣喜,流连忘返,岭下土地肥沃,水源充足,觉是风水宝地,因而定居于此,取名龙吉村。龙吉村全景图如图 1.7 所示。

　　村落整体坐落在一座石山上,从下至上酷似一把靠椅,后山前水,火山石民居及祠堂连片分布,保存情况较好,民居依山而建,具有海南特点的"十柱居"外墙及柱础均用火山石建成,隔板材料为菠萝蜜格木及松木等木材。古祠堂 4 座,新祠堂 1 座,古祠堂均用火山石及木材建成,属木石结构,新祠堂前有石柱雕龙根,有前厅及大殿。龙吉村古民居如图 1.8 所示,龙吉村郑氏宗祠如图 1.9 所示。

图 1.7 龙吉村全景图

图 1.8 龙吉村古民居

图 1.9　龙吉村郑氏宗祠

1.3.5　罗驿村

　　罗驿村位于老城镇白莲区境内,距离海口约 25 千米,距县城金江约 28 千米,距老城镇(原古县治)约 7 千米。罗驿村,古时称倘驿。

　　村庄占地面积为 510 亩,村域面积为 10 平方千米。村庄周边有"日""月""星"三湖,所谓"智人多爱水,择滨起家园",罗驿村的开村始祖想必也深谙此道。如图 1.10 所示,整个村落位于一南一北两个水潭之间,房屋围潭而砌,看似散落无章,却也布局奇妙,其间的青石板巷道和火山石砖墙,为古村落民居描出几笔青秀。村庄周边有古榕树、大枇杷树等,周边岭上有松林。

　　罗驿村至今还保存民房古石屋 120 多间,村中道路,均为石铺,由村古时官员李恒谦带头捐资兴建。此外,村中自元朝以来建有各支祖祠 13 间,其中,清雍正元年(1723 年)所建李氏宗祠规模最大,共有三进,每进均为五贴屋,配有雨廊和厢房,建筑面积达 1 900 平方米,1919 年澄江书院迁办于宗祠内,如图 1.11 所示。村中的小巷道也几乎全部铺上了青石板,狭长而幽深。村中现遗留着一段石板古道,村中有 36 条由火山岩铺成的石板路。整个村落典雅、古朴,传统建筑集中连片分布,保存情况基本完好,均坐北朝南。主要传统建筑工艺特点为:木石结构,民居多为海南的"十柱居",石头为火山石,木材均为杉木、菠萝蜜格板等。其中,李氏宗祠为省级文物保护单位,保存情况良好,是本村李氏祭祀祖先的场所;另有观音庙,庙前有道乐塔,左侧约 100 米处原有古驿站,驿站前方现仍保留有一段古驿道。驿站是传递朝廷文书或转运官物的人中途更换马匹、住宿的地方。汉制三十里置驿。倘驿,就是当时在琼州西道罗驿村现址上的一个驿站,后聚居遂而成村,改名罗驿。北宋大文豪苏东坡被贬琼州或获赦北归中原时均经过此驿站,并在此歇息。此外,村内还有纪念明永东辛卯科举人李惟铭的文奎坊,纪念明景泰癸酉科举人李金的步蟾坊(见图1.12),"马蹄井"节孝坊(见图1.13),清知府李恒谦故居(见图1.14),"道乐塔(见图1.15)"等众多古迹。

在罗驿村3 300多人中,无论男女老幼,祖孙四五辈,前后几百年,竟然全都姓"李",没有一个"外姓人",世世代代,繁衍至今,仍然没有任何改变。

图1.10 罗驿村村落一角

图1.11 罗驿村李氏宗祠三进院落

图 1.12　罗驿村步蟾坊

图 1.13　罗驿村节孝坊

图 1.14 罗驿村清代知府李恒谦故居

图 1.15 罗驿村道乐庙

1.3.6 石石矍村

石石矍,是南梁冯宝夫人冼夫人渡琼置州登岸之地,是冯氏先祖最初居住之村,立村至今已有1 400多年的历史。

石石矍村地处澄迈县北端,毗邻海口电厂,老城工业大道直通村的南边,距离海口38千米,也可以通过金马大道连接西线高速公路和西环铁路以及县城金江,交通十分便利。如图1.16所示,石石矍村东至有书村,南至孟乐旧址,北临琼州海峡,西连马村。老村庄的火山石建筑除了部分损毁,大部分都保存完好。老村院落围饮马塘(见图1.17)而建,地势后高前低,依山坡排列,有依山傍水之意。村内左右巷道用火山石铺设,约1 000米,是纵向道路,这样的道路既干净又便于排水。如图1.18所示,民居的前厅后院是横向通道,形成整齐的排列,这样的层层布局模式,风流和水流都十分通畅,富有特色,是典型的梳式结构的布局模式。石石矍村传统建筑内部梁架、村古井、古碉楼如图1.19、图1.20、图1.21所示。

村庄占地面积为3 000亩,村域面积为4.29平方千米,为海南冯氏第一村,美丽端庄、古朴典雅。火山石的民居、小村道虽然古旧却整整齐齐,十分干净。村西南端的冯氏宗祠古建筑群(将军第、夏阳侯庙、冯英总祠堂)在2015年被列为海南省第三批省级文物保护单位,将军第内庭及祭拜房屋、夏阳武侯庙、文林冯公祠如图1.22、图1.23、图1.24所示。有风时,塘水波光粼粼,岸边绿树成荫,时有翁媪纳凉。村的正南边有一重檐三门四柱牌坊,门的左边长着一棵枝叶繁茂、高大挺拔的大榕树,村中有三棵大榕树。

图1.16 石石矍村全景图

图1.17 饮马塘

图 1.18　石石矍村传统民居

图 1.19　石石矍村传统建筑内部梁架

图 1.20　石石矍村古井

图 1.21　古碉楼

图 1.22　将军第(现冯氏大宗祠)内庭及祭拜房屋(省级重点文物保护单位)

图 1.23　夏阳武侯庙(省级重点文物保护单位)

图 1.24　文林冯公祠(省级重点文物保护单位)

1.3.7　谭昌村

澄迈县老城镇谭昌村,一个近九百年历史的古老火山石村,南宋末年,原籍江西南昌的肇基始祖罗荣,从福州任上渡琼,在澄迈西山之上立村,命名为"谭昌"。

村庄占地面积为167亩,村域面积为2.56平方千米。整个村形后高前低,村前有约30亩鲤鱼状的田块,常年四季有泉水灌入,并有一个池塘,塘水清澈,村庄周边山清水秀。整个村落用火山岩砌的房屋主体坐北朝南,都是石木结构,有6条由火山岩铺设的石道通往各家各户。村庄有庙宇一间、祠堂两间、古井两口;村内代表性传统建筑有大宗祠(亦称始祖祠)、应标公祠(见图1.25),后两处合称谭昌学堂,谭昌学堂是澄迈县有名的古学堂,2015年11月被公布为第三批海南文物保护单位,谭昌村应标公祠屋顶木质横梁如图1.26所示。由于老城临海,清代时经常受海盗骚扰,以至于有三任知县在与海盗的战斗中殉职。民国时期,社会动荡,匪患无穷,为匪患骚扰,利于村民避难,以求自保,村中还修建了三座碉堡,碉堡位于村子中间,现基本保存完好。

图1.25　谭昌村应标公祠(谭昌学堂)(省级重点文物保护单位)

图1.26　谭昌村应标公祠(谭昌学堂)屋顶木质横梁

1.3.8　道吉村

道吉村位于永发镇,东与儒陈村连接,南接文安村,北临博厚村。道吉村村庄占地面积为82亩,村域面积为5.3平方千米。地处海南最大河流南渡江冲积地带,村址地势呈乌龟状,似三面环水小岛,俗称龟寿地。村庄坐北朝南,夏凉冬暖,前有池塘和宽阔的水田,与民间风水学理论的聚财、案桌说法相吻合。

村庄建设有序,村中民居坐向南,条块结构,以村道为界,共十连片组合,排列严整,民居分布图如图1.27所示。历史建筑包括庙宇、祠堂、民居,均为木石结构、火山岩石建材,特色明显。庙宇、祠堂翘檐彩瓦,历史格局与传统风貌保存完好。村道笔直,共十五条,纵贯通全村南北,道路畅通。身临其境,可让人心旷神怡,发思古之幽情,具有较高的开发利用价值,是打造乡村游、田园游的理想地方。道吉村祠堂一院落、榕树、村前古井如图1.28、图1.29、图1.30所示。

图 1.27　道吉村民居分布图

图 1.28　道吉村祠堂一进院落

图 1.29 榕树

图 1.30 村前古井

1.3.9 儒音村

儒音村村庄占地面积为 84 亩,村域面积为 5.3 平方千米。整村规划严整,石板路纵横交错,道路网至今保留完整。公共建筑保存基本完好,传统风貌与历史格局保存完好。历史建筑包括社庙、宗祠、古井、古民居等,传统民居集中连片,至今都较完整地保留了清末至民国时期的传统风貌和历史格局。民居建筑梁架木雕工艺精湛,内容丰富。

如图1.31所示,村落整体风貌优美、火山岩墙身、瓦木结构的传统民居分十二行连片笔直整齐排列,十五条巷道笔直贯通村前村后。本村水系从东向北再向南流,村庄三面绿水环绕,村前村后还分别有平坦的田地,特别是密集的古榕群和水清如镜的池塘、古井相互辉映,使人流连忘返,古井之水夏凉冬暖,皆为火山岩地层矿泉水所赐。村中东西各有公庙护村,王氏、吴氏祠堂在东面,祠堂前面有宽广的场地和舞台,供人民群众在正月初九祭祀日举行仪式和演出文艺节目之用。村落整体风貌保持完好,环境优美。古石桥、古树如图1.32、图1.33所示。

图 1.31　儒音村传统民居分布图

图 1.32　古石桥

图 1.33 古树

1.3.10 那雅村

那雅村地处澄迈县东部,松涛水库大坝水渠道穿村而过。东临儒万山麓;西与美丽乡村带大美村接壤;北至松涛水库大坝水渠道;南边是 400 亩的大田洋;周边椰树参天,整个村庄规划严整,火山岩石道路纵横交错。全村传统建筑占村庄建筑总面积的 90%。古民居、庙宇、古道、古井、古石狮等古建筑保留较为完整。如图 1.34 所示,传统民居建筑集中连片,至今仍较好体现着明末时期的传统风貌和历史格局。村巷道纵横交错,连接着一间间火山岩石民房。现存古建筑群几乎都有大门相连通,居民可在其中穿宅过户。建筑装饰典雅别致,石刻、木雕工艺精湛,内容丰富。

图 1.34 那雅村传统民居分布图

据史载,大明万历年,周、黄两姓人氏开始入村,民国时期由于兵荒马乱,周姓迁走,目前全村仅存黄姓人居住。村庄地势北高南低。全村现有大小火山岩石建民房 113 间。村中共有 5 条古道,一横四纵,纵横交错,火山岩石铺设风貌依旧,如图 1.35 所示。松涛水库大坝主渠道穿村而过。松涛水库大坝主渠道宽 30 米,水流平稳,水质清澈。南侧面临 500 亩大田洋,视野开阔。北连松涛水渠道,村东一公里处为儒万山麓,村东北侧有庙宇和古榕树。村中散落 3 口古井。村子周围椰树参天。

图 1.35　古道

那雅村先祖建宅结合风水理论并以宗族血统和道统为理念,隔墙相邻或隔巷相望,一幢接着一幢连绵成片,各屋内门相通,呈现出生生相息的家族生活场景。那雅村传统建筑风貌和历史格局保存较好。

在农村,人民寄望神灵的保佑而建文公太师庙宇。庙宇建筑规模有大有小,与村口的大榕树一起保佑着本村的平安。每年正月初八,那雅庙宇里都会进行祭祀活动,祭祀活动中,全村村民参与,燃香点炮,张灯挂彩,上供祭品。村民斋戒沐浴,诚心跪拜,祷祝家庭平安、风调雨顺,生意兴隆,作物丰收,乃至求子、求仕途等,村民斋戒完毕后,还会接着跟亲戚、朋友走家串户恭贺。

1.3.11　儒陈村

儒陈村坐落于海南省中部境内的儒万山麓,村庄依山傍水,清静风雅,自然环境优美舒适。

儒陈村于明代立村,至今已有 500 多年的悠久历史,文化底蕴丰厚。自建村以来,村内至今仍保存有大量的古建筑物,如明代的大型古石墓——仙人洞、古石拱桥——桥皇,三间瓦木结构的火山岩石建造的陈氏祠堂及一间境主庙。村内也还有大量整齐排列的火山岩石材、木石结构民房,且原始风貌基本不变。

儒陈村坐落于火山岩儒万山的西面,具有优质的饮水水源。村子地形东高西低,状似长龙,北部为头,尾至东南,有天然山洞一个,名"仙人洞",因而村庄有"龙脉"之称。

村庄民居建筑特点为海南农村传统的普通瓦房,木石结构,墙体建筑取材火山岩石,房屋外墙如图1.36所示,坐向多以朝北朝南为主,房屋排列整齐,错落有致,鳞次栉比,既独立又相通,如图1.37所示。村庄村道小巷笔直整洁,均以火山岩石板铺设,虽已历经多年风雨沧桑,迄今仍然风貌美观。村内现如今还保存着许多古石器,如石碾、石磨、石臼、石盆、石缸等。村庄四周有广阔的田野和肥沃的坡地,还有三口天然大池塘,三条天然小河道,水源十分充足,是儒陈村民人畜用水,生活生产的重要自然条件保障。

图1.36　房屋外墙

图1.37　儒陈村传统民居分布图

儒陈村村民为了祈求子女平安、发丁发财、六畜兴旺、生活富裕,在每年的农历正月十六(境主"公期")举行军坡节。军坡节是儒陈村的民间传统节日。节日期间,家家户户杀鸡宰鹅,在村中举行敬神、拜神、祭祖、球赛、唱琼剧等活动,活跃村民文化生活,并招朋纳友共欢。

此外,在农历正月十九、正月二十五日,全村还举行专项的祭祖活动。其内容是宣读祭祀祝文祝词,怀念祖先的功德,启告后代以德立人,光宗耀祖。儒陈村人擅于编制各种竹具,如筛子、簸箕、箩筐等用品,至今仍有不少艺人以此谋生。

儒陈村村庄四周绿树环绕,村前和村边遍植椰树。椰树园景色十分优美。村里长有十来棵形状各异的大榕树,其树高大挺拔,枝繁叶茂。村中道路均为火山岩石板铺设。全村建有4处垃圾室,用以收集垃圾集中处理。为防森林火灾,设有消防领导组及消防民兵,并配置了各种防火设施。村内还有一处较大的活动场,大多数村民在农暇之余都会聚集在活动场悠闲度日。

1.3.12　秀灵村

秀灵村位于永发镇,S21 中线高速附近,交通便利。整个村落略呈椭圆形,坐南朝北,房屋一排排整齐美观,全是火山岩石木瓦结构,村内道路为火山石铺成,现村庄发展壮大,变为围塘而居。村东头有一口新建自来水井,供全村人畜饮用。从村东头至村西头是一排排笔直整齐的火山岩房屋和村道。村西头有一座两进的王氏宗祠。村西南面有一个天然山塘水库,面积约 20 亩。传统民居分布图如图 1.38 所示。

图 1.38　秀灵村传统民居分布图

秀灵村靠近东兴墟(原那舍),坐南朝北,面水而居,地势四周高,中间低,属洼地地形,先祖看重此地地理位置较好,气候湿润且冬暖夏凉,认为是家居吉地,便迁居于此。秀灵村水资源丰富,其中,村东头有一口自来水井,村西南面有一个面积约 20 亩的天然山塘水库,能供全村人畜饮用。秀灵村的古房屋建筑皆由火山岩堆砌而成,有火山石铺就的村道(见图

1.39)，火山石制成的用具。村中有许多坡地和水田，周边有小溪绕村庄和水田流过，景色宜人，偶尔还会有鸟儿在丛林间跳跃。由于交通便利，人口集中，环境良好，村民能够安居乐业，所以该村落得以发展壮大。

图 1.39　小道

秀灵村在传统的"公期"期间，各家各户都要在家中的祖宗灵位前供奉祭品，并聚集全村老幼在村庙前集体拜祖，以祈求村中人人平安。节日当天，设宴待客也是重头戏，家家都摆出鸡鸭鱼肉和海鲜，邀亲唤友，不论生疏，都可以到主人家做客，在一定程度上增强了人们之间的相互交流。

秀灵村村前是一口大池塘，分里外两格，约 18 亩，可供养鱼、游泳使用。村民都围着池塘而居，形成一条椭圆的约 600 米长的村道。秀灵村内现有碉堡 3 座；火山石村道 17 条、石壁 1 座、大榕树 3 棵、池塘 1 口、古井 3 口。村外有一条水泥硬化村级道路。村后有一座拦水坝。村东面有自来水井 1 口。村前有 1 座两进的王氏宗祠建筑物，原建的外墙是用火山岩筑成的，屋顶属瓦木结构，如图 1.40 所示。村前约 200 米处有古墓 1 座，形状似一大罩钟，顶端上面装着一个石雕的大圆球。在村后的南边有一片低低的湿地，村民们在这里建了一座山塘水库，面积约 20 亩，供种植冬季瓜果蔬菜。

图 1.40 王氏宗祠

1.3.13 儒昂村

儒昂村原名老龙村,元代建村,当时有王氏八宏公入村始祖,后有梁氏、吴氏、周氏等相继入村。传统建筑使用火山岩石、木质柱、桁、瓦片盖成,富户人家采用优质木如菠萝树材质等,有鹰哥鼻式建筑,小户人家则是扁邦加直桐式(简易式方木和圆柱,未有太多的装饰造型处理)建筑,如图 1.41 所示。

图 1.41 儒昂村火山岩民居建筑墙体和小巷石板

　　儒昂村与海口秀英区东星村委会交界,离海屯高速公路 300 米,从美向立交桥到东兴村委会 1 500 米,离儒万火山口 1 500 米,到永发镇政府 4 500 米。村中有公庙 1 间,王氏、梁氏、吴氏祠堂各 1 间。民居多为火山岩石建筑而成,墙身有一字和八字建筑风貌。

　　每年正月十九日是本村军坡节日,儒昂村有四个公花(神像),各花扛公吃花(传统民俗活动),举行仪式和庆典活动,有演出琼剧的传统活动。

　　村前东、西各有池塘 2 口,塘畔有古榕树、椰树相互辉映,如图 1.42、图 1.43 所示,绿树成荫,空气清新,道路整洁,村里小巷多用火山岩石铺设而成,近代环村路采用水泥筑建。古井天口保存良好,虽有自来水,但村民还喜欢到古井洗衣服洗菜,那里还成为村民聚集闲谈的好地方。

图 1.42　儒昂村大树

图 1.43　儒昂村池塘

1.3.14 南轩村

南轩村位于永发镇东兴村委会,是东兴地区最大的自然村庄,距美榔双塔约1.5千米。南轩村于元代立村,古属永泰乡那舍,迄今已有600多年。建村始祖王子成,为大美村入村始祖王武功之兄,全村有王、吴等姓氏,其中,王姓居多,户籍人口为1 421人,常住人口为806人。南轩村土地广阔而肥沃,村域面积7.6平方千米,村庄占地面积945亩,其中,水旱田2000余亩。南轩村自然条件好,村前有池塘,塘中种莲藕,莲花绽放,绿树掩映,风景秀丽,宜居宜住。池塘南50米处有椰子林。村的周边有古树、加布树、榕树环绕,椰树辉映,环村小巷采用火山岩石块砌筑而成。小河两条环村而过,河道高低形成瀑布,大泻小泻瀑布景观独特,河上建有双石桥,使得群众通行方便。

南轩村历史悠久,文物古迹众多,主要有国保文物陈居士周氏合葬墓(陈道叙墓),省保文物南轩双石墓,县保文物南轩石照壁,南轩古墓、南轩村双石桥。全村大部分房屋为火山岩石建筑,多数是旧式三进的宅院,其中,明清时期建筑居多,室内采用木质柱、桁、桷、上盖而成。富户人家墙壁平坦细致,小户人家则垒石而成。村中火山岩建筑较为精品的是石照壁,该石照壁采用火山岩石质,雕刻精细,壁上有福、喜、八宝、紫气东来图案,工艺严谨,是不可多有的雕刻艺术品。村内小巷、村道多采用火山岩石块砌筑而成,行走上百年道路不变。

南轩村石照壁系崇祯九年(1636年)江南庐州府通判王炳儒(南轩村人)故居中庭照壁。照壁,是中国传统建筑特有的部分,明朝时特别流行,是大门内的屏蔽物,古人称之为"萧墙"。照壁具有挡风、遮蔽视线的作用,墙面若有装饰则形成对景效果。

石照壁以本地火山岩石为材料,用锤子和钢钎精工雕塑,垒叠而成,整个石照壁分壁基、壁体、壁脊三部分构成,如图1.45所示。壁基长4.4米,宽0.46米,高0.6米;由7块方石砌成,每块方石前后面都浮雕花草、书卷、双鹿衔芝等图案。壁身长4.2米,宽0.33米,高2.05米;由47块方石砌成。壁身正中间是一块长1.5米、宽1.35米的大方石。石块朝外的一面,在中央刻出一个直径为0.81米的圆形边框,在其内浮雕着一个篆体的大"福"字;石块朝内的一面,在中央刻出一个直径为0.77米的圆形边框,在其内浮雕着一个篆体的大"寿"字,笔画均匀流畅,结构严谨,华丽美观。壁脊高0.3米,由7块弓形石块砌成。从整体看,整座石照壁就像一件石座屏,设计独特,有极高的欣赏价值。

每年11月27日是纪念祖先的节日,南轩村全村参与,各自准备鸡、米酒等祭祀物品上供,祈祷保佑子孙平安,来年风调雨顺。祭祀结束后通常有篮球、排球比赛,晚上有琼剧演出,热闹至极。

在家训熏陶下,尊祖宗已是南轩村内十分重要的事务。每年农历二月二十五,南轩村都会举行祭祖盛典。全村600多名王氏后人,当天会聚集在王氏宗祠内。祭祖盛典十分讲究,宗祠内要摆设九张主桌,每桌必备九个菜,祭祀礼仪由长辈撰写祝文并宣读,以此表达对先人的敬重和思念。

南杆村古民居、古民居室内木雕、火山岩石村道、村落全貌及古民居分布如图1.46～图1.51所示。

图 1.44　南轩村境主庙

图 1.45　南轩村石照壁

图 1.46　南轩村古民居一

图 1.47　南轩村古民居室内木雕

图 1.48　南轩村古民居二

图 1.49　南轩村火山岩石村道

图 1.49　南轩村火山岩石村道(续图)

图 1.50　南轩村古村落全貌

图 1.51 南轩村古民居连片分布

1.3.15 美傲村

美傲村坐落在火山岩石半丘陵地带上,东与儒万山麓连在一起,西距海屯高速公路美向互通出入口 400 米,南侧有 500 亩大田洋相邻。整个村庄呈北高南低的地势,三面有古树、椰子树环抱,按风水的说法,村庄坐落在一张太师椅上。古民居、村内古巷道如图 1.52、图 1.53 所示。

图 1.52 美傲村古民居

图 1.53　美傲村村内古巷道

美傲村于明代初期由王、吴二姓先民建村。美傲村现有 154 间古建筑民居房；村庄北侧有王氏宗祠 2 座，懿美夫人庙 1 座，古井 1 口，古榕树 2 棵；村南面有福主公庙 1 座。火山石民居如图 1.54 所示。

美傲村在抗日战争时期做过贡献，新中国成立后被定为革命老区。村中现有火山岩石铺设巷道 5 条，三纵五横，纵横交错，东至儒万山麓，村西有海屯高速公路穿村而过，设有互通出入口，北侧与海口市东星村委会毗邻，村子东西北三方各有一片椰子树，唯留南面视野开阔，目之所及是一片 400 多亩平整的田地，营造出三面山林和椰子树环抱，坐北朝南的风水地，就像一张太师椅。

明末村中建有私塾，供本村民读书识字。现美傲村的宗祠、军坡节、祭祀都和如昂村合在一起。先祖建宅结合风水理论和血缘道德理念，以宗族血统和道德为理念或隔墙相邻，隔巷相望，一幢接着一幢连绵成片，且幢幢建筑的内门都相通，呈现出生生息息的家族生活场景，至今传统风貌和历史格局保存较好。古民居及小巷如图 1.55 所示。

美傲村每年正月十九为懿美夫人祭祀日，村民在这天举行盛大的祭祀仪式活动，并在晚上组织琼剧演出等娱乐节目活动。当天，家家户户杀鸡宰羊招待亲朋好友。

图 1.54　火山石民居

图 1.55　古民居及小巷

1.3.16 美墩村

美墩村村域面积为 1 175.25 平方千米,村庄占地面积 179.91 亩户,户籍人口 358 人,常住人口 297 人。美墩村地形西高东低,形似一个宝刹,房屋构造多是火山岩石结构,住宅建设朝向、位置及规模皆合理布局,科学规划,有 21 处古四合院,在整个美墩坡上由西到东,大大小小,错落有致排列,这 21 处古院落既独立又相通,高低错落,样式各异。如图 1.56、图 1.57 所示,其民居尽管经历了岁月的沧桑,如今大部分院落依旧保存完好,保持着当年的风貌,承载了大量的历史文化信息。石雕村庙令人赏心悦目,风格各异的建筑制式让人心旷神怡。

图 1.56 古民居一

图 1.57 古民居二

美墩村属于火山岩丘陵地带,在南渡江北岸,地方僻静风雅,草木丛生,土地肥沃,自然环境优美,因此美墩村的先民们在此选址建村。村西面有海屯高速公路互通出入口,距本村500米;村东面有8000亩森林。

美墩村民间庙会活动历史悠久,源远流长。美墩村人杰地灵,生活在此的祖祖辈辈辛勤耕作,创造出了丰富多彩的文化活动,每年农历正月十三、十四这两天,全村男女老少都到境主庙广场观看庙会祭祖活动和琼剧表演。

村西面500米处有海屯高速公路互通出入口。村内村巷有5条,全长1500米。村道路为火山岩石路。村内建有垃圾收集点4个。

1.3.17 美楠村

美楠村坐落于火山岩石半丘陵地带上,村庄四周已有村级道路水泥硬化。东与儒万山连在一起,西邻儒音村,南与松涛水库水渠道连接,北与海口市秀英区毗邻。美楠村全景图如图1.58所示。

图1.58 美楠村全景图

美楠村建于明代初期,由陈、吴、林、王等姓氏先祖迁入而建村。各姓氏迁入该地后就在这里生活,发展生产,繁衍后代。美楠村现有62间古建筑,西边有陈氏祠堂和通天境主庙。全村有古树7棵、节孝坊1座、古墓1座、境主庙2座,古树如图1.59所示。村西侧有入村石雕广门,现仅残存部分建筑构件。

革命老区美楠村坐落于海南省中北部,东连儒万山麓,在永发镇北侧火山岩石半丘陵山坡上。地方僻静风雅,果木丛生,土地肥沃,自然环境优美舒适宜居,因此,该村先民选址该地建村。全村现有62间古建筑,全部以火山岩石建造。而儒万山麓就像一条真龙卧在美楠村东侧700米,美楠村就坐落在这条山龙的左爪脚下。美楠村坐南向北,是龙点穴的好村庄,是个有山有水的好地方。村庄南面有海南松涛大坝水渠,一年四季水长流。村北面有两口古井,老百姓都流传这两口古井是儒万山这条龙的眼睛,古井之一如图1.60所示。这些使这个村庄的人畜饮水、农业灌溉有了保障。

图 1.59　古树

图 1.60　古井

　　村庄是南高北低,古建筑群全部用火山岩石建造,大大小小错落有致排列。这 62 处古建筑,既独立又相通,高低错落,鳞次栉比,尽管经历了岁月的沧桑,依旧保存完好,保持着当年的风貌,承载了大量的历史文化信息。那石雕、木雕令人赏心悦目,那风格各异的建筑制式让人心旷神怡,村庄北面有 800 亩大田洋,是村民种植的主要地方。

　　美楠村每年正月初九、初十为通天境主诞期。诞期这天,村里会举行祭拜境主的仪式,并组织精彩的文艺表演,从古至今,一代一代传承。这天,村民会家家户户杀鸡宰羊,亲戚朋友团聚在一起。

1.3.18 博厚村

博厚村创于明朝万历年间,至今已有400多年的历史。村中由吴、黄、陈三姓祖先最先在此定居。吴、黄两族分上下同居北边,吴、陈两族分上下占据村南以图向中间和南北发展壮大。后王氏族人迁来定居于村北部,周氏族人迁来定居南边,林氏、沈氏族人迁来居中间,还有黄氏、唐氏族人陆续迁来居于村北,这样一个生机勃勃、商丰物埠的古村就初步形成了。

博厚村中有600多米的水泥村道,供电照明和自来水基本设备与儒定村合用。

博厚村村前有600多亩的水田。村前有一座峨眉案山,山上有座约建于明代中期的道玄塔,由于保护不善,现只剩下塔基3米多高的残墙。

在村西部,有一座极有历史价值的古墓,墓碑高2.5米,四周有石刻莲花底座,中心部分有一个石刻仙桃。目前,石墓的一些精工雕刻的墓石被打断、推倒,散落在地上。

村西部有一个大约3亩的月娘塘,水清澈见底,水波粼粼,圆得像月亮,得名月娘塘,如图1.61所示。

村中有口古井,叫仙境井,井水甘甜可口,是博厚村村民世世代代的生活用水水源。

图1.61 月娘塘

在村前方400米处,有一座始建于清乾隆年间的庙宇,庙内供奉洗夫人、关圣帝君、冯公元帅、黄大将军、龙王圣王等神像,如图1.62所示。庙宇砖木结构,整座神庙红墙绿瓦,栋梁柱桁桷两端各放置瓷制龙形饰物,貌像腾龙鸱吻。屋面琉璃瓦覆盖、朱漆大门、宽敞明亮,神殿用大理石板铺砌而成,宝殿前面石板雕塑浮雕麒麟。宝殿龛阁用镂空及浮雕方法,刻出形态各异的八仙、花草和龙凤等锦绣图案。雨廊两根大圆石柱上雕刻盘龙。神庙大门双龙戏珠。前后庭院地面铺砌磨平的岩石块地砖。神庙前面有一个10多亩的广场和舞台,是洗夫人诞辰节闹军坡的场地。

村南的青龙山上有一座建于清代中期的周氏祠堂,1948年补修,1982年再次重修,最近的一次重修为2008年。周氏宗祠建筑风格独特,精工雅致,黄墙红瓦,雕梁画栋,龙腾凤舞。青龙山上还有一座王氏宗祠,该宗祠于2009年重修,黄墙红瓦,气势宏伟。

清乾隆年间的庙宇如图1.62、图1.63所示。

图 1.62　清乾隆年间的庙宇一

图 1.63　清乾隆年间的庙宇二

村前有一条南圯沟,建于明代,该沟从儒万山流来南轩南边大沟处堵水,环山开凿,长达3千米。南圯沟的开凿为村民的种植提供了丰富的水源。

每年农历二月初十至十二为冼夫人诞辰纪念日。诞辰期间举行庙会,请琼剧团、歌舞团演出,组织民间排球赛事和拔河比赛等文化活动。博厚村民家家户户宰鸡杀鹅,摆设宴席,招待亲朋好友,热闹非凡。

1.3.19 道僚村

道僚村位于桥头镇西北部,北部毗邻临高,从这个村庄全貌来看,形似一朵莲花,故村民称本村为莲花形村庄。村庄三面环水,西部约 200 米处为大海,20 米处是一片面积为几十亩的红树林和一个废弃的盐场。

村落整体风貌保存完好,所有房屋都有人居住,约 60% 房屋为传统民居,40% 为新建现代建筑物,传统火山岩石房屋布局在村中间,连成一片,整齐排列,村内土路巷道纵横交错,现代建筑房子主要分布在传统建筑的边沿。

村庄重要的传统建筑为具有 700 多年历史的天后宫庙及几间上百年历史的古民居,其中一间由珊瑚礁石垒砌的房屋较有特色。天后宫为一座两进的古建筑,始建于元代,后经历代多次翻修,形成现在的规模。虽经多次翻修,但内部木构建筑至今依旧保存完好。如图1.64 所示,天后宫木构建筑上的雕刻较为精彩,雕刻图案千变万化,种类较多,取材源自自然万物、几何图形、神话传说、历史故事、社会生活、文字装饰等。

图 1.64　天后宫庙

天后宫雕刻图案大多以象征手法,寄托着幸福、高贵、和平、富裕、长寿等美好寓意,比如以图案取谐音的寓意,以图案移情的手法寄托美好祝愿;同时还有广泛取材于神话传说的图案,极大地拓展了人们的想象空间。这些内涵丰富多彩的雕刻图案饱含着幸福吉祥,伴随天后宫一起庇佑着这片土地上的人们。庙内有两块古木牌匾,分别写着"神恩远庇""深沐洪慈"。庙前走廊立有"天后勒碑"大石碑,该石碑铭刻着乾隆四十年(1775 年)修建天后宫的历史。

道僚村于元代由渔民在附近打渔而形成村落。村庄建有环村水泥硬化路,村内巷道为土路。道僚村水系丰富,三面环水,西部约 200 米处为大海,附近 20 米处为古盐田。其村落房屋和良田如图 1.65、图 1.66 所示。

图1.65　村落房屋

图1.66　良田

相传,700多年前,本村一位渔民打渔时在海港外发现一块长约1米、宽0.5米的人形黑杉木,该渔民觉得奇怪,于是打捞上黑杉木带回村内。村民将此人形黑杉木雕刻成妈祖神像,供当地渔民祭拜,祈求妈祖保佑他们海上打渔平安归来。随着妈祖神像的显灵,村民们于是建庙宇供奉妈祖神像,逐渐形成现在人们所见的天后宫庙。700多年来,村里流传着妈祖显灵保护村民的各种传奇故事,当地村民一直保持供奉、祭拜妈祖的传统。

农历三月二十三日是妈祖诞辰日,道僚村全体村民聚集在天后宫庙,举行盛大的祀奉庆贺活动。祭祀活动后,村内还连续在天后宫庙前上演三四天的琼剧。

道僚村现有人口30多户,为渔民后裔,杂居林、陈、符等六七个姓。据村民回忆,新中国成立前,村民以捕鱼和制盐为生;新中国成立后以种植和搞运输为生,现在已没有一家出海捞鱼了。古时村子附近海峡鱼比较多,捕捞的鱼有时卖不完,盐场因时而建。盐场生产的盐不仅用来腌鱼,还销往临高马袅市场。后来,制盐方式由煮盐改为晒盐,木制的过滤工具改为玄武石晒具。盐场一直沿用到2008年,由于经济效益不好,村里承包给外人搞海水养殖。现在面积约为20亩盐场还隐约呈现当时制盐的忙碌的景象。

和盐场紧邻的是一片红树林,面积约为70亩,作为村中的特殊景观,村民们倍加珍惜,当作当地的海防林保护区,即便是有人出更高的价钱也不会承包出去。

1.3.20 大丰村

大丰村位于金马大道东,距县城金江约为 20 千米,距大丰镇政府、澄迈县华侨农场约为 8 千米。路网交错,可谓出门便是路。如图 1.67 所示,村中道路由中心广场呈放射状分布,路面宽敞,全部水泥硬化;村外周边有西环高速、225 国道穿越。村庄地势平缓,略有坡度,便于雨天排水。村中有榕树 10 多棵,绿荫浓密。南、西环村共有 3 口水塘,可供农田灌溉。

村中心广场地铺彩砖,庭中长有两株古榕,已近百年高龄,枝繁叶茂,绿荫蔽日遮天。广场南面不远处有口水塘,塘边翠绿,塘水清碧,水中游鱼不时腾跃,水色风光怡人。村东北背依颜春岭,西北边有国社岭,东与西南还各有一口山塘,水面面积约为 150 亩。整个村庄有水井 3 口(古井 1 口,新井 2 口),原可饮用,因村民已用上了自来水,现多为村妇浣洗之用。村子环境清洁。周边均为果园、农田等,盛产荔枝、菠萝蜜、橡胶等热带作物。

图 1.67 村中小道

大丰村现有人口 660 余人,120 余户。土地面积 8 000 余亩,古时为多丰市,今亦称"大丰老市",居民所操方言与福山、临高一带方言相似。居民处半耕半商状态,因靠近马村海港,部分居民以海水养殖为生。大丰村现存有古街道两条,由西北向东南走向,街道由火山石砌成,长 80 米,宽约 3 米,西南侧有民宅 13 间,东北侧有民宅 10 间,布局清晰,市构造尚存,大多年久失修无人居住。据文献及碑刻所示,大丰村古代属琼州府澄迈县恭贵乡,因地处交通要道,旧时村庄密集,人口众多,商贸物流繁忙,故称"封平多峰市"。如图 1.68 所示,大丰老街始建于清康熙六十一年(1722 年),于同治二年(1863 年)重新修葺,记录了海南商贾文化的风雨沧桑和当地的乡俗民情,是一部难得的历史教科书,给后人留下了一笔珍贵的文化财富。大丰老街的发展历史,对于研究海南古代乡村乡土民情提供了不可多得的实物例证,它对于研究海南的商业历史、官府基层机构、完税纳粮及圣道、驿站等起到了极其重要的作用。

图 1.68　大丰老街

大丰古街位于村庄之北,新扩村址多南迁。20 世纪 70 年代以后,古街日趋冷落,南部民居不断增多,新盖楼房 40 余栋。今古街、新址仅以一村道相隔,面貌状如两个村庄。

大丰村传统节日俗名"公期",时间为农历正月初十至十一,是大丰村人一个重大的传统节日。每当节日来临,家家户户杀鸡宰鹅,祭拜神社、祖先,招朋纳友共欢,且来者不拒。以节期第一天最为热闹,人来人往,门庭若市。活动内容古今结合,有抬神像、"过火山"、办球赛、唱大戏、迎财神、祈丰收等,以期村民欢欢喜喜、顺顺利利过好日子。

1.3.21　文大村

文大村是澄迈县一个较为古老的村庄,自始祖曾传公明朝中后期立村,至今已有 400 余年的历史。因村尚武崇文,以文为尊,故得村名。文大村居民分布图如图 1.69 所示。

图 1.69　文大村民居分布图

村庄传统建筑基本上都是以火山岩石建造,古民居连片分布,保存较好,山墙筑砌法并不是一字排开,主要采用"倒人字形"。村中有境主庙有两座:班帅公庙位于村西,曾传公祠位于村北,都是明代建筑。两庙于1980年在原址重建。另有古塔一座,位于海边,名曰"文笔峰塔",亦是明代所建。虽已历经400余年风雨,仍保存完好,巍巍挺立。

文大村位于马村的东北面,南依老城工业大道,交通方便,规划中的横路横贯村庄,北临琼州海峡南岸。文大村是个渔村,村民以捕捞、养殖为主,也种植一些粮食及经济作物。其村址靠近海边,因便于出海作业,民居多在岸边修建。村庄四周有长达4千米的海岸线,海岸水深约15米。村中有古枇杷树3棵,树龄均达100余年,给人舒爽的感觉。有古井2口,现村民虽都用上了自来水,但古井之水还时时有人饮用。

文大行政村委会辖三个自然村:文大村、美当村、富书村,三村都是坐南朝北。文大村(自然村)位于中部,是三个自然村中最大的一个村落。文大村村委会如图1.70所示。

图1.70 文大村村委会

文大村有两个公期:一是村始祖曾传公公期,农历三月十七,无论是留村村民还是外出人口,都要回到村中,杀鸡宰鹅,祭拜曾传公,保佑子孙平平安安,二是农历十一月二十七,是班帅公公期,与曾传公公期一样,男女老少都要回到村中,与族人共度佳节,求先祖保佑平平安安、顺顺利利、多多赚钱、吉祥如意。节日当天人来人往,门庭若市,活动内容古今结合,有抬神像、办球赛、唱大戏、迎财神、祈丰收等。

整个村落自然环境较好,村中的树木树干粗大,枝叶茂盛,可供村民闲暇之余乘凉。村内的卫生条件也很好,专门设有回收垃圾站,垃圾实行集中处理;村中部有一口池塘,塘水清澈透明,碧波荡漾。

随着当地开发建设的迅速发展,现文大村村址不断扩大,民居建设不断由海边向陆地延伸。村庄水电路等基础设施日益完善,生活用水用电交通都极为方便。

1.3.22 倘村

倘村位于古县治老城镇西南6千米处,东至罗驿村,南与荣堂村接壤,西与孝友村交界,北与夏社村相邻。村中的五条路巷都用火山石铺筑,有千余米长。村中大道原为土石铺就,2006 年重新修筑为水泥路面,村道如图 1.71 所示。村的北边和西边各有上百年古树 4 株。村南和东北面各有古井 1 口,东面的池塘约 3 平方米。村子周边是稻田及菜地等,自然环境较好。

倘村整个村落传统民居建筑连片分布,为石、木、瓦结构,均有海南特色的"十柱居"格局,坐西向东,保存情况较好,均为火山岩建筑。

吴霜旧居为宋代建筑,2003—2005 年重新修葺。现作为吴氏宗祠,逢年过节或公期,吴氏后裔在此祭祀。吴景辉故居原先作为吴氏宗祠,后因改为生产部队,现外观尚好,里面坍塌一部分,破损严重。登第坊为纪念吴景辉等而建,保存较好,如图 1.72 所示。以上三处,均为澄迈县重点文物保护单位。

倘村立村始祖吴霜公,据称曾任过宋朝的户部尚书,是当时抗金的主战派,后被贬来琼任澄迈县知县,进士出身,是品德高尚的人,后在此建房定居,后裔聚居于此,为纪念始祖的高尚而称为倘村,建村有 800 余年历史。

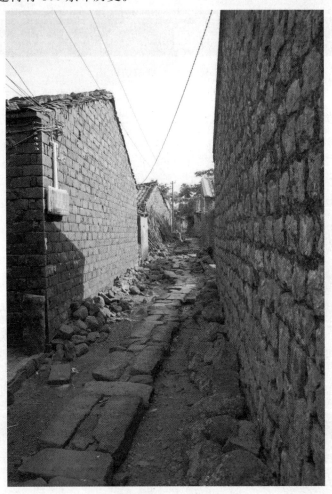

图 1.71 村道

图 1.72　登第坊

　　整个村落似一条长条形布局,村的西边有一山岭,名为"颜春岭",东有一池塘,村的北边是村里的宗祠,即吴霜旧居和吴景辉故居,进村的大路边立有牌坊"登第坊"。整体风貌保存较好。村落房屋如图 1.73 所示。

图 1.73　村落房屋

每年农历的二月十一为倘村公期，家家户户杀鸡宰鹅，准备上供祭品祭拜祖先，邀请亲朋好友到家里聚餐，秉承"来者都是客"的精神，希望客人越多越好。每年公期晚上会做斋式琼剧，村里老老少少都聚集在一起观赏琼剧，其乐无穷。

1.3.23　荣堂村

荣堂村，是罗驿村委会所辖的一个自然村。立村始祖吴善继，原居澄迈县草桔村，后迁居至离罗驿村约 200 米的现村址建立荣堂村。

村庄周边植被茂盛，村前有池塘，村后有古树，村东有古井。村庄坐东向西，火山岩民居排列整齐，村西南边有吴（文璿）氏大宗祠、吴（之瑜）氏宗祠（吴文璿第四子）、贤秀庙等古建筑，村落整体风貌保存很好，如图 1.74 所示。

村庄内部和周边环境大多保持着古村风貌，火山岩民居由十二条铺就的小村道相连，村庄周边的大路都已修建为水泥路，干净整齐。村中有古井一处，是村民饮用水的重要水源。至今村中仍未修建自来水塔，家家户户都有手摇井。村中有古榕树一株，躯干粗大，枝繁叶茂，是村中老人歇息乘凉、孩童嬉戏玩耍的好地方。村外田野里、池塘边，村民种瓜种菜，喂鸡养鹅，一派田园风光。

图 1.74　荣堂村村落平面布置图

村落坐东朝西，除村东新建的几栋二层小楼外，其余都是火山岩建筑，包括民居和宗祠，连片分布，保存很好。最具有代表性的民居是一位叫吴清柏的祖居，原建在村中间，现整栋搬迁至村南，明末清初建造，石木结构，筒板瓦、硬山顶、面阔三间，进深四间，穿斗式梁架。明间神龛木雕极其精美，也三开间，明间两柱是透雕花板，上部各浅浮雕"福""寿"二字，下部嵌入似"枓"样深浮雕基座。整龛雕饰有礼瓶、各种花卉、水果，如石榴、桂子、香蕉、佛手等。建筑面积约为 128 平方米，保存良好。

此外，如图 1.75 所示，吴（文璿）氏宗祠也是村中的代表性建筑，一进大院落，主建筑面阔五间，进深三间，前有廊，两侧有耳房，前面左右有两厢，南厢五间完整保存，北厢被拆掉三间,新建成了村小公室。整个院落占地约为1 100平方米,建筑面积约为316平方米。主建筑硬山顶,原有脊饰,瓦面曾翻修,现无脊饰,抬梁式梁架。梁架木雕花纹少见,正梁两端科栱雕云朵、卷萍、牡丹、莲花等。四次梁两端科似象头、栱、象鼻,象鼻中间再托一小科延伸,托住梁木,很像唐宋时期的做法,犹如福建泉州开元寺的"飞天",妙趣横生。廊子的梁架上木雕与正梁相似外,托住梁架的还有一科,也有象鼻栱延伸。明间四根金柱子的石柱础似宝瓶状。抬梁下接金柱90°处雕一类似雀替功能的花纹,很是美观,也很有实用价值。明间大门上额原有小木隔扇,现已朽坏,纹饰不详。

荣堂村是澄迈县历史文化底蕴较为深厚的自然村之一。

图1.75 吴(文瑃)氏宗祠

荣堂村传统节日为军坡节,时间为农历正月十二,与琼北其他村落一样,节日期间,全村男女老少、外出人都要返回村庄,家家户户杀鸡宰鹅,在贤秀庙祭拜祖先,与族人共度佳节,求先祖保佑平平安安、顺顺利利、多多赚钱、吉祥如意。节日当天人来人往,门庭若市,活动内容古今结合,有抬神像、办球赛、唱大戏、迎财神、祈丰收等,如图1.76所示为荣堂村贤秀庙。

图1.76 荣堂村贤秀庙

1.3.24　马村

马村位于澄迈县北部,东与石石礨村毗邻,西与沙土村接壤,南与文音村交界,北是波涛翻滚白浪追逐的琼州海峡;三面环海,一面临陆;前为马岛湾,后和雷州半岛隔海相望。

马村原名银匙村,也叫那儒村。北宋末期,立村始祖自闽兴化府莆田县甘蔗园漂洋过海抵达该村附近依海而居,繁衍生息,初命名马岛,后迁至现址。因马岛海水纯净,皓月当空,沙白如玉,如一块银色玉匙,故名银匙村。1934 年以马姓易名马村。

马村整体传统建筑集中连片,传统民居多为农村普通瓦房,木石结构,墙体建筑取材于火山岩石和海石灰岩。如图 1.77 所示,古民居连片分布,位于现村落的北面,有的还有人住,损坏的也已维修,整体风貌尚好。今马村已成倍扩大,新民居分布于新址各街巷中,村子前面有一宗祠,始建于清朝道光二年(1822 年),石墙木梁红柱绿瓦,祠前对联:"圣祖威名惊九州,世嗣俊杰殷四海";村中宗祠、庙宇 6 座,分别为马氏大宗公祠、世明公祠、国兴公祠、开公祠、文连公祠和马伏波公庙。其中,文连公祠建于南宋,至今保存完好。村东南方有潭漏溪和那脉溪,两溪雨期水势奔腾,旱季源泉涓涓,双溪流水自南而北,终归大海。

村庄有 7 条纵横交错的道路,村道宽敞,路面全部水泥硬化,分别是人民路、电厂路、富氏路、市场路、一横路、二横路和村前路,马村道路如图 1.78 所示。村内有古井 2 口,古树在20 世纪 90 年代左右搞开发时已全部砍掉。

图 1.77　马村民居分布图

图 1.78 马村道路

　　每年冬至,全村 60 岁以上老人集中到祖坟扫墓祭祖,每家每户各自准备好祭祖物品,把祖坟周边杂草等清理干净,给祖先创造一个整洁的环境,祈祷祖先保佑子孙平平安安,事事顺利。

　　马村的传统节日军坡公期为农历六月十六,该节日是为马援庆生,家家户户杀鸡宰鹅,招朋纳友共同庆祝,且来者都是客,每家以接待人数多为荣,代表人丁兴旺。公期白天有篮排球赛、拔河等活动,晚上则是观看琼剧。

　　农历二月十九为观音菩萨生日,全村参与,本村外出人口也携家带口回到村里,与村里人一起祭拜,燃香点炮,上供祭品有猪肉、鸡、米酒等物品,祷祝村里风调雨顺,全村人口平平安安。

　　马村属亚热带海洋性气候,乃"红云带日秋偏热,海雨随风夏亦寒"。村辖地域 7 平方千米。马村村域内有港口、电厂等现代建筑,马路四通八达,交通极为便利,村内的绿化一般,村落三面临海,空气清新。村落的绿色植被较好,整个环境状况尚好。

1.3.25　好用村

　　好用村距白莲墟约 2 千米,出入通道曾是马村、东水港、老大丰等地群众到白莲赶集的必经之路。全村有五纵一横共六条由火山石铺设的古道,把村址分成方块,传统瓦房沿石道两侧分布,整齐美观。纵向五条古道呈东西走向;横向则呈南北贯穿村庄,并向村外延伸。

古道总长约 400 余米,其间留下苏东坡等名人的足迹。当年苏东坡被贬海南往儋州时,曾路经于此。因年代久远,古驿道的石头表面早已磨得光亮。

好用村整体保持着原生态的风貌。村内传统建筑火山岩民居连片分布,小村小道与村大道都是火山岩铺就。大村道约 1 米宽,长百余米,南北走向,是古驿道的一部分,是澄迈县境内保存较为完整的古驿道之一。庞氏先祖沿道安家定居,繁衍子孙。因有藏头联"陶育诸生通万卷,镕成子弟达千秋",取村名"陶镕",海南话谐音"好用",便称为好用村。好用村屋外观、道路如图 1.79、图 1.80 所示。

图 1.79　好用村屋外观

图 1.80　好用村道路一

村中民居均为木石结构,面宽三间布局,硬山顶,筒板瓦,穿斗式梁架。墙体用火山岩方石垒叠而成,多为方形叠放,少量菱形叠放,石头向外一侧较为平整,损毁较严重,但有部分保存较好。

村北有庞氏宗祠一座,始建于元代,至今已有 700 余年历史。原有二进院落一拜亭,二进主建筑左右有厢房。抗战时期遭日军强拆建桥修路,仅存二进主建。现存祠堂坐西向东,硬山顶,抬梁,穿斗式混合梁架,面宽五间,进深五间,明间四根金柱木质坚硬、光滑,立于石础之上,须弥座尚存,保存较好。主建筑正面墙体系火山岩上抹粉红色砖样石灰浆,上部有彩画,窗棂采用绿色琉璃,花纹有铜钱及花卉,古色古香。明间门额上有木制棱窗,前有廊,四根石柱,两根木柱,木梁架上均有雕饰,保存较好。

图 1.81 好用村道路二

村前有五个大小池塘环抱,宛如玉苇。其中,东南边的"洗澡塘"是历史悠久的古水塘,以水源冬暖夏凉闻名于周边村庄。池塘边筑有石堤,众多泉眼从石缝流出,常年不枯。池塘上空近半被古树笼罩,是夏季纳凉的好地方。长久以来,凡有人路经此地,往往总喜欢在池塘边小憩片刻。

村东南侧约百米处,有一水潭,落差数十米,巨石层叠,20 世纪七八十年代潭底曾修建水电站,现旧址尚存。村后有百棘岭,稍远有颜青岭。前方紧邻水塘,梯田逐级而下,村庄居高临下,视野十分开阔,可远眺夏社岭、十二街岭。村南、村北两个水塘边各有两棵百年古榕树,还有数十棵几十年的大榕树。村北有棵加布树,树龄四五百年,其树干直径达 1.8 米,枝繁叶茂,遮天蔽日。

每年的农历正月十五,是好用村的公期;农历九月二十七,是庞氏先祖京兆公的生日。好用村祭祀风俗流传久远,节日期间,所有本村及分居外地包括本县、县外的庞氏子孙,都汇聚本村祠堂拜祭先人,上供祭品,以鸡和猪肉为主,并举行"过火山"、抬神像等活动,祈佑子孙平平安安、吉祥如意。晚上唱琼剧,一派热闹平和的景象。

村内外有沙土路和石板路,如今村外沙土路路面正筹备水泥硬化。村庄周边绿树环绕,绿荫遮天蔽日,植被极其茂盛,自然环境优越。因多数村民已迁居附近的白莲墟,现村里居民较少。

1.3.26 儒峨村

儒峨村整体风貌基本上保持了琼北一带村落的特征,木石结构的民居连片分布,保存较好,但中间星星点点也建有新民居,村中大道和部分小村道已被硬化为水泥路面,只有在村北靠近村西的部分村道还保留有火山岩石板路。整体村落坐北向南,房屋外观如图 1.82 所示。

图 1.82　儒峨村房屋外观

儒峨村的主要传统建筑儒峨学堂前身为李氏宗祠,位于村东,三进院落,每进主体建筑均为三开间,抬梁与穿斗式梁架,木石结构,二进与三进都有两厢,但二进两厢已毁,三进两厢保存较好。第一进横梁悬匾额“文魁”,是道光年间科乡试中举人李向桐立;第二进横梁悬匾额“拔魁”,是李郎宣拔贡生第一名立;第三进供奉先祖“李德裕公之神位”,李氏后裔均在此祭祀。

松江书室前身是劳氏宗祠,是劳氏族人于 1938 年建,以彰显先祖松江太守劳痒远学业及功业,因其任职地名及堂号以“松江”为名,故曰“松江书室”,与儒峨学堂近邻,如图 1.83 所示。

图 1.83　儒峨村松江书室

儒峨村为李姓、方姓、陈姓所立。劳氏入琼始祖劳师成的十二世后裔,劳德美于明崇祯五年(1632年)迁入此地,村前有水,村后有山,两侧有岭,村民素有尊孔敬儒之风,遂定村名为儒峨村。清康熙六年(1667年),李德裕从琼山石山春腾村迁入,为李氏入村始祖。

整个村落被两条水泥路面的大村道一分为三,东西向贯穿的大村道南边为民居,连接民居的小村道为土路,只有西南边通往水井的村道为石板路,通往东南面水井的村道还是土路。南北贯穿的大村道位于村西北,与东西贯穿的大村道相接,亦是水泥路面;东西贯穿的大村道北边均为木石结构的民居;紧挨大村道的小村道有九条,均为水泥路面;再靠北的民居小村道均为石板路,置身其中,就像走进了古村落。西北边亦是民居,接连民居的是乡村土路。

村落的东北部挺立着松江书屋(劳氏宗祠)和儒峨学堂(李氏宗祠),如图1.84、图1.85所示。村的南面,一条小溪从西向东流向正南面的水塘,村民在塘内养鱼养鸭,用塘中之水灌溉农田,滋润乡里。

每年的农历三月十七是本村的公期,当天村民祭拜东土公神,供奉班帅公、关圣帝,请琼剧团唱琼剧,举行运动会,如篮球、排球、拔河等运动,组织村民跳集体舞(扭秧歌),换上抬公祖、敲锣打鼓游村。

农历的正月初十村民祭祖拜公、招公进村、点鞭炮、放烟花、过火山,借助神威保佑全村平安。

图1.84 儒峨村宗祠一

图 1.85　儒峨村宗祠二

　　村前面(南面)有一条天然的溪流,常年积蓄,水量充沛,后面有小山,是儒峨村的靠山。西侧有那有岭。有百年古树 3 株(枇杷树 3 株、榕树 3 株)、水井 3 口。村内环境卫生较好,垃圾送往镇里统一处理,设有卫生室,但入户自来水欠缺。有公共照明设施,整个村落整齐、美观,但村东北面的两座古建筑前都芳草萋萋。儒峨村东临西环铁路海口市郊,南至火车货运南站,西接货运大道、北连美昇村,距离南海大道约 1 千米,西离老城镇 2.5 千米,交通十分方便。儒峨村局部、房屋如图 1.86、图 1.87 所示。

图 1.86　儒峨村局部

图 1.87　儒峨村房屋

第 2 章　火山岩民居建筑调查情况综述

海南火山岩民居建筑古村落保存比较完整的地区是澄迈县。本书以澄迈县火山岩古村落调查研究为主线,从基本概况、社会概况、历史沿革、特色文化价值、村庄发展潜力、相关规划等诸多方面进行详细调查。

2.1　澄迈县谭昌村

2.1.1　基本概况

2.1.1.1　地理位置及区域交通

（1）村落地理位置

谭昌村为隶属于澄迈县老城镇石联村委会的自然村,位于老城镇镇区西北部、石联村东北部,紧邻镇区。

（2）区域交通

谭昌村村庄南面、西面两侧分别有省道 208 和乡道 012 穿过,是谭昌村通往老城镇的重要交通通道。东侧村路与老城镇城区主路衔接,向东可抵达老城镇主城区,并经西线高速、海口绕城高速抵达海口市长流区,向南可抵达澄迈县城金江镇。谭昌村村域范围内交通干道便利,已建设成内部环形乡村路,新建区域以硬化路为主。

2.1.1.2　自然环境概况

（1）气候条件

谭昌村属于热带季风海洋性气候,受季风影响较大,四季分界不明显。气候温和,雨量充沛、四季如春。年平均温度为 23.7℃,年均日照为 2 017.6 小时,年均降雨量为 1 790.7 毫米。最大日降水量为 500 毫米,平均相对湿度为 84%。

（2）地质地貌

谭昌村属于第四纪内陆湖相碎屑岩沉积区,并同时受到南部南渡江中下游冲积区和北部老城镇滨海潮坪沉积或滨海海湾环境沉积影响。全村地势高低起伏较小,村域内较为平坦,平均坡度小于 1%。受古火山喷发和内湖冲积共同影响,基岩多为玄武岩和凝灰岩。

（3）水文与水资源

受气候与降水条件的影响,谭昌村水资源较为充沛。村庄内无大型河流,但与海岸线距离不足千米,地下水位高,拥有多处人工开挖湖塘,主要集中在村庄南部。

（4）土壤与植被

谭昌村土壤可分为黏土、亚黏土、含砾亚砂土等土层,土壤肥沃。受亚热带气候和水文条件影响,谭昌村植被类型丰富,拥有榕树、波罗蜜、番荔枝、花梨木、枇杷、凤凰树等多种乔木。农田种植区主要种植水稻、瓜菜等作物。

2.1.2　村落历史沿革

2.1.2.1　村落历史

谭昌村历史悠久,人文厚重。肇基始祖为罗侬有,原籍是江西南昌的吉水村,南宋岁进士,任福州府尹,南宋建炎三年(1129 年)从福州任上渡琼,鉴于澄邑西山(即谭昌村址)山景地吉,乃在该地建基立业,后代繁衍绵长。

曾姓入村始祖曾唯,明朝官员,明万历朝特授千户曾传的曾孙,受聘任谭昌私塾先生,其子曾大昌、曾日昌、曾光昌在村中成家立业,繁衍生息。

2.1.2.2　村落演变

谭昌村是一个具有 800 多年的古村落,于南宋末年建村,随着罗氏宗族的发展壮大,村庄逐步发展。后曾姓家塾先生定居此地,在罗氏家族聚居南侧建家立业。至清朝末年,谭昌村已初具规模,形成环绕鲤鱼田(现为池塘)的类扇形村落,拥有大小民居百余间。在民国时代,由于多年战乱,谭昌村发展处于停滞状态,直到新中国成立后才恢复生机。村庄结构布局可分为火山岩石木石结构传统民宅区和新村建设发展区两个住宅区。

传统民宅区道路狭小曲折,房屋古老,共有 97 间火山岩石木石结构房屋,主体坐北朝南,屋顶及屋檐多有飞檐,其中有近半房屋,至今仍保存完好。村中有 3 条石道通往各家各户。

新村场多为新建的平房或小楼房,共 230 栋楼房。水泥硬化道路四通八达,区内家家户户通电通水通车,建有户厕,庭院整洁,垃圾定点堆放,实行集中处理,全村环境卫生整治有序,一派怡然清净的新农村景象。

2.1.3　村庄特色文化价值

2.1.3.1　科学价值

谭昌村临海,地势平坦,海拔低,但北面、东面略高。故而,两宗族聚居地分别围绕村落核心鲤鱼塘向北、东延展,利于雨季排水,这对研究古代村落选址与建筑布局中趋利避害的原则与方法具有极高的科学价值;同时,谭昌村发展过程是一部两姓宗族建村史,为研究海南地区宗族文化的传承与发扬提供了历史佐证,对文化人类学与历史学的研究具有重要的科学研究价值。

2.1.3.2　艺术价值

谭昌古村落选址于鲤鱼塘北、东岸(依据宗姓聚居),分别形成坐北朝南、坐东朝西临水望田的景观格局,极具特色;村内以独立式院落为主;主要传统建筑多为木石结构,外形简洁,颇具琼北古代火山岩民居特色;部分民居为海南的"十柱居",建筑屋顶多为硬山式风格,其内部结构多为抬梁式构架。

2.1.3.3　社会价值

传统文化的天人合一和伦理观念关系到人与人、人与自然的和谐,这种传统文化在谭昌村表现得淋漓尽致。与现代社会"原子化"的社会关系不同,在村落中,人与人之间形成了紧密的社会联系,它主要体现在同宗同源的血浓于水、和谐互助的友邻关系,人与人"德业相劝、过失相规、礼俗相突、患难相恤"的传统道德准则。谭昌村作为中国朴素社会风尚与价值观的具体代表,其传统与风尚的弘扬具有重要的社会意义。

2.1.3.4　经济价值

传统村落是我国宝贵的文化遗产,蕴含着深厚的历史文化信息,被誉为经典的民间文化生态博物馆、乡村历史文化活化石,是中华民族优秀传统文化的重要载体和象征。谭昌村现有的火山岩古建筑群和历史街巷、特色文物遗存与文化活动具有极高的旅游与展示价值,通过全面的保护与合理的利用,发掘其旅游与展示功能,能够显著提升村庄的经济水平,为传统村落的保护提供重要的资金保障。

谭昌村古村街巷格局典型,村内建筑遗产、历史文化遗迹分布集中、颇具规模、风貌较好,周边历史文化资源丰富。古村由唐代经过千年演替至今,保留着众多的历史遗迹,宗族文化底蕴深厚,尊师重教的传统不断影响着周边地区。谭昌村保留了古村落选址、火山岩建筑形制、聚落结构、建筑雕刻等方面大量的历史信息,对研究古代琼北地区的经济文化、民俗风情具有极高的历史价值、文化价值、科学价值与艺术价值,其保护与发展对于弘扬中国传统文化与社会价值观,推动村落经济发展具有重要意义。

2.1.3.5　物质文化遗产特色与价值

谭昌村有四个传统节日,分别是梅仙公的诞寿期(农历二月十一日)、班帅公的诞寿期(农历十一月廿七日)、始祖的诞寿期(农历十二月廿十日)和祖墓的祭拜日(农历二月十二日)。每逢这四个传统节日,家家户户杀鸡宰鹅,祭拜神社、祖先,招朋纳友共欢。活动内容古今结合,有抬神像、"过火山"、祈丰收、办球赛等。此外,村委会会邀请专业剧团祝演,与村民共乐,以求生活和美,富裕顺利。

2.1.3.6　历史名人与典故

罗依有:原籍江西省豫章府吉水县吉水村,任福州府尹。南宋建炎三年(1129 年)从福建迁琼,落籍今址澄迈县老城镇谭昌村。

罗英才:(1900—?)原名运天,别号能卿。1900 年 4 月出身于农民家庭,世代耕读相传。自小在家乡学校就读,后考入广东省第六师范学校(今琼台师范学校),毕业后还乡习教。1924 年 8 月考入广州黄埔陆军军官学校第二期学生总部队兵科。1925 年 1 月,随黄埔军校第二期学生队参加第一次东征,因作战英勇受到上峰表彰。同年 6 月,随军回师广州平定杨刘军阀叛乱。同年 9 月 6 日,经考试合格,第二期学生总队宣告毕业。罗英才被派到国民革命军第 1 军第 1 师第 1 团任见习排长。1927 年初,调升第 2 纵队中尉副连长,旋升上尉连长。此后在浙东警备司令部和潮梅警备司令部任少校营长、中校参谋、上校团长等职。1937年抗日战争全面爆发后,随军参加抗战。在粤军中任团长,后因战功卓著升任少将副师长。由于在战斗中受重伤,被送往后方医院医治。后调任第七伤兵疗养院(湖南省)少将院长。中华人民共和国成立后在洛阳病故。

2.1.4 村庄发展潜力分析

2.1.4.1 优势机会条件分析

(1)资源优势

谭昌村地处于平原区域,辖区范围内地势平坦,土地肥沃,适宜耕作,现已形成较大的粮食、反季节瓜果蔬菜种植地;水利资源也较丰富,含有三个水库,以作农田的灌溉。

(2)交通优势

现有水泥公路与老城镇相连,随着老城镇的发展与扩张,将来谭昌村与县城的空间距离将更加趋于缩短。较好的区位条件与较为便利的交通条件使谭昌村在产业发展上具有一定的优势,通过县城这一交易与流通平台,村庄所出所产能更加便捷地注入各级市场。同时,县城能为村民提供多元的就业途径,促进农民多渠道增收。

(3)历史文化优势

谭昌村历史悠久,人文厚重,历史文化遗产丰富。2017年11月25日,谭昌村入选由住房和城乡建设部、文化部、国家文物局、财政部、国土资源部、农业部、国家旅游局等七部局公布的第三批中国传统村落名录。同时,谭昌村也是澄迈县申报火山岩古村落群世界文化遗产的古村落之一。村中还有省级文物保护单位谭昌学堂,县级文物保护单位3座炮楼,尚未核定公布为文物保护单位罗氏渡琼墓及集中连片分布的火山岩古民居97间,古代火山岩村巷3条,古池塘"鲤鱼塘",古井2处,古树4棵和新建宗祠2处。

传统村落是我国宝贵的文化遗产,蕴含着深厚的历史文化信息,被誉为经典的民间文化生态博物馆、乡村历史文化活化石,是中华民族优秀传统文化的重要载体和象征。谭昌村现有的火山岩古建筑群和历史街巷、特色文物遗存与文化活动具有极高的旅游与展示价值,通过全面的保护与合理的利用,发掘其旅游与展示功能,能够显著提升村庄的经济水平,为传统村落的保护提供重要的资金保障。同时满足申报火山岩古村落群世界文化遗产及建设社会主义新农村的要求,成为"历史风貌完整、生态环境优美、以遗产保护为核心、兼顾村落发展的海南火山岩建筑传统古村落"。

①谭昌村传统村落展示功能分区。

历史文化展示区:主要集中于"鲤鱼塘"北、东岸,是火山岩历史建筑分布密集、保存完好、街巷风貌优美的片区,重点展示谭昌村火山岩传统建筑的特色以及街巷格局,向游客展现谭昌村村民的智慧积淀。

宗庙祠堂展示区:分别位于谭昌村西和村南,包括始祖祠(新建)和曾府。

旅游服务接待区:位于谭昌村东主路西侧,是集中为游客提供接待服务的功能分区。

娱乐文化展示区:位于谭昌村东(废置小学处),改造废置小学原有建筑,构建文化娱乐活动场所,展现谭昌村的特色民间文化、节庆活动和庙会活动等。

自然生态展示区:主要集中于"鲤鱼塘"周边,展现谭昌村独特的山水格局并为游客提供绿色空间。

②展示路线组织。为了体现谭昌村的自然山水格、深厚文化内涵与历史文化特色,规划游线以沿"鲤鱼塘"主要巷道为轴线,连接两片区的小巷,形成网状游线体系。串联始祖祠、谭昌学堂、曾府、古墓、古井、古树等文物与名胜古迹及传统建筑聚落区。非物质文化展示路线结合湖滨观光路,以谭昌学堂、鲤鱼塘、曾府、古树、古井等重要历史环境要素和公共空间为载体,展示谭昌村风土人情、节日节庆、传统手工艺制作和宗族品德风尚等非物质文化遗产。

2.1.4.2　制约因素

(1)经济发展制约因素

目前制约谭昌村经济发展的主要因素是种植规模较小,没有形成大面积的种植基地,总体种植技术落后,农业基础设施薄弱且对农业的投入较少;农产品较为单一。目前需要扩大农业种植规模,加大对农业基础设施的建设;普及农业科普知识,加大技术投入,提高村民的素质转变村民的思想。从而达到经济的总体提升,人民生活水平的总体提高。

(2)传统村落保护与发展的矛盾

一是由于保护资金的不足,同时缺乏有效的文物管理机制,长期以来,村中文物古迹址缺乏保护和维修,造成部分传统建筑年久失修、结构老化,并且遭到人为拆毁,历史文化价值厚度日益消减,亟待投入资金进行抢救性修缮。二是随着村民生活水平的提高,生活观念的不断变化,古村落传统民居的平面形制已不能适应现在生活的需要,村民要求改善居住条件的愿望越加强烈。但由于传统村落内街巷狭窄、缺少宅基地,以及部分村民缺乏足够的古建筑保护意识等原因,少部分村民便拆除了濒临毁坏的古建筑或是在古建筑群中的空地上新建建筑。而专业知识的缺乏导致多数新建的房屋,与传统建筑风貌格格不入,严重破坏了古建筑群体本身和古村传统风貌的统一。古村完整保留下来的传统巷道空间正在减少,村落的界面破坏也较为严重。

村落大部分农地已被征用,原住居民以务工为主。城市工业用地紧邻村落西、北部,与老城镇城区对谭昌村形成合围之势,传统村落生存空间不断被压迫,保护与发展的矛盾日益尖锐。

2.1.5　相关规划

(1)《海南省澄迈县城乡总体规划(2013—2030 年)(纲要)》

明确澄迈县建设"海南省航运枢纽和开放门户,琼北战略新型工业和现代物流基地,琼北重要的休闲旅游度假胜地,海南热带特色农业与都市农业基地,海口都市区生态宜居的城乡一体化聚集区"的城市发展目标,提出"打破城乡二元结构,实现城乡统筹发展;打破经济中心和行政中心二元结构,形成双心协同互动,带动县域整体发展"的总体发展策略,发挥资源特色和"世界长寿之乡"品牌优势,建设生态宜居城市。

总规纲要将澄迈县域划分为三个次区域,其中,老城镇谭昌村属于中部生态休闲功能区,未来将逐步形成山水特色鲜明、城镇与旅游区散落的休闲型功能区,形成带动澄迈内陆地区发展的城乡一体化聚集区。

规划明确构建涵盖历史地段、文物保护单位、历史建筑、非物质文化遗产等内容的完整的历史文化资源保护体系,以保护历史遗存为重点,充分发掘其中的文化内涵,制定历史文化资源保护策略,强调在历史地段(古建筑群、街区、村落)采取"核心保护范围"和"建设控制地带"两级保护的方式。在核心保护范围内对传统建筑应以保存、维护和修缮为主,严格保护街巷道路和空间尺度,确保整体历史氛围不受破坏;在建设控制地带内新建或改建的建筑,要与历史地段的整体风貌相协调。

规划要求依据《中华人民共和国文物保护法》等相关法律法规,严格保护各级文物保护单位。历史建筑的保护应遵循统一规划、分类管理、有效保护、合理利用、利用服从保护的原则,依据《城市紫线管理办法》划定包括历史建筑核心及必要的建设控制地带在内的紫线保护范围。

针对非物质文化遗产,规划要求按照"保护为主、抢救第一、合理利用、传承发展"的原则,切实做好非物质文化遗产的保护、管理和合理利用工作。加大非物质文化遗产保护的宣传力度,继承和发扬历代的精神财富。

(2)《海南省澄迈县老城片区总体规划修编(2014—2030年)》

针对村庄建设与发展提出以下策略。

节约用地,引导农村居民点合理布局:通过合理布局农村居民点,进行村庄整治和退宅还耕,使农村居民点的整治迁并与农业生产发展和农民生活水平提高相结合、与城市建设用地扩展和耕地保护相结合,使农村居民点用地的减少与城市建设用地的增加紧密结合,高效集约利用土地资源。

加强与完善农村公共服务设施:完善农村公共福利类公共产品的供给。农村公共福利类公共产品的供给包括建立农村最低生活保障制度、建立农村公共医疗卫生保障制度、建立农村教育培训制度。同时加强农村公共事业类设施的供给。中心村应配有居委会和综合性的文化、科技活动室。文化、科技活动室应包括阅览室、活动室、文化宣传栏等,可与村委会一起建设。一般村应配套建设小型文化站、设置文化宣传栏等。

完善农村基础设施:加强农田水利建设,改善农村生产生活条件,积极发展乡村集中供水、生活污水和生活垃圾集中处理,为农民生产生活创造基础条件。强化林业基础设施建设,着力打造生态家园。实现25度以上坡地退耕还林,川源农田林网化,绿化美化"四沿"区域,建立完善的林业生态体系和管理体系,把广大农村建成环境优美、居住舒适的"生态家园"。

合理引导农村产业发展:发展现代农业。优化农业产业结构,培育特色主导产业;实施农业产业化经营,提高农业综合经济效益;加快科技引进推广步伐,增强科技对现代农业发展的支撑力;立足农产品市场建设,构建农村现代流通体系;鼓励农民立足当地资源,开发旅游产品,延长旅游产业链条。

(3)《澄迈县老城镇谭昌村村庄规划(2012—2030年)》

谭昌村按照中心村要求建设,规划村庄类型为种植型村庄,规划构建生态文明村、和谐居住村庄。为促进城乡统筹发展,建设"生产发展、生活宽裕、乡风文明、村容整洁、管理民主"的社会主义新农村。加强对村域主要生态功能区的保护与建设,禁止一切可能导致生态功能退化的活动。

规划要求保留并延续谭昌村传统聚落的整体风格特色,如宅间巷道、建筑朝向、院落格局、古树、老井、土地庙等。新建建筑与原有建筑风貌协调统一,保留传承村落原有布置格局,即街巷联通、院落排列、建筑风格等。重要的节点景观设置在村庄东边道路入口处和沿水塘打造景观,景观空间通过朴实铺地、地方树种绿化、石椅石凳、石板步道等环境景观设置,营造村庄公共空间。

(4)《海南省澄迈县老城镇谭昌村传统村落保护发展规划(2015—2030 年)》规划总体策略

提出的规划总体策略如下。

①重点保护、修复谭昌村内具有历史价值和历史风貌的历史建筑、遗存,保持谭昌村作为海南火山岩传统村落的历史真实性。

②保护谭昌村内各项非物质文化遗产,使其成为海南古村传统文化的特色展示区。

③保护谭昌村的传统村落风貌、肌理、街巷格局、历史建筑及整体生态格局,使其成为中国海南传统古村落的活化石。

④整治谭昌村居住环境,完善配套公共设施、基础设施,使其成为传统气息浓郁,居住环境优美、生活条件舒适的村庄聚落。

⑤合理利用谭昌村历史文化遗产和生态环境资源,发展特色明显的文化旅游产业,形成澄迈县传统文化旅游的新亮点。

2.2 澄迈县大美村

2.2.1 基本概况

2.2.1.1 区位分析

(1)村落地理位置

大美村委会位于金江镇东北部,距县城约 19 千米。其东侧为杨坤村、西侧为好让村、南侧为雅新村。

(2)区域交通

海榆西线(G225)和海南西环铁路位于大美村委会西侧约 8 千米处,东西向村庄公路是连接内外交通的重要通道。

(3)村庄概况

大美村土地资源丰富,主要种植香蕉、辣椒、反季节瓜菜等作物。村址依山面水,富有民间风水理念。村东南面 2 千米外有杨坤村、万昌村,西南面 500 米外有东山村、文英村、好让村,北面是大美水库,南面是连片的坡地。对外交通条件较为便利,村委会与外界、各自然村之间均有"村村通"公路相连。

2.2.1.2 自然条件及自然资源

（1）地形地貌

大美村位于金江镇域东北部较为宽旷的冲积平原区域,村域内整体地势平坦,呈北低南高,海拔高程介于40～80米之间。

（2）气候条件

金江镇属热带气候区域,四季如春,雨量充沛,日照充足。常年平均气温在23.1～24.5度。年平均降雨量为1 750毫米,每年5—10月份为雨季,降雨量达到445毫米,为全年降雨量的82%。11月份至翌年4月份为旱季,降雨量仅有320毫米,占全年降雨量的18%。

（3）水文条件

大美村内并无大的河流水系穿越,村域东北侧有一大美水库,其余水系主要是分布在局部地段的自然池塘和水产养殖用的鱼塘、虾塘。

（4）工程地质

按照海南省抗震地质分区,金江镇抗震设防烈度为7度,设计基本地震加速度值为0.15g$(g=9.8 \text{ m/s}^2)$。

（5）土地资源

大美村域土地资源总面积约552.14公顷,用地类型以基本农田为主,2016年大美村拥有耕地面积为7 210亩。村域范围内的建设用地主要为村庄建设用地。

2.2.2 社会经济概况

2.2.2.1 行政区划及人口

大美村委会属金江镇的55个村(居)委会之一,下辖2个自然村,分别为大美村、文英村,其中,村委会位于大美村(自然村)。

2016年大美村户籍人口共3 010人,总户数为736户,户均人口约为4.0人。

近年大美村人口自然增长率约为9‰。

2.2.2.2 村庄经济发展

（1）村庄经济状况

2016年,大美村村民人均年收入为3 500元。

（2）村庄产业状况

大美村历年均以第一产业为主导产业和支柱产业,第三产业仅限于为本村服务的小商业,基本无第二产业。

第一产业主要为农产品种植业,包括水稻、冬季瓜菜、香蕉、九品莲花、稻香鸭等。

2.2.3　村落历史沿革

2.2.3.1　村落历史

大美村古属琼州府澄迈县永泰乡安宁都,今属澄迈县金江镇管辖,位于美亭墟东5千米处。大美村建村始祖王武功,为王氏入琼始祖之一王悃的七世孙。元代元统三年(1335年),其曾祖父曾因从军招抚有功,而授职抚黎县丞并准世袭。到了他这一代被官府罢免土官世袭,于是通晓地理堪舆的王武功决志另找一方风水宝地立村。他踏遍本地方山水,寻来龙,察地脉,看流水,当看到大美之地依山面水,是风水宝地后,便决定从祖先世居的道面村(在今白面桥附近)迁至大美村立村。后世子孙兴盛,"族盛则称大,里仁斯为美",故名大美村。

2.2.3.2　村落演变

大美村形成于元代,至今已有670多年历史,现存建筑以明清时期的居多。以形成年代看,大美村属于元代形成的古村落。以形成原因看,大美村属于因"风水宝地"聚集人口而形成的古村落。在选址上,大美村追求一种与自然环境和谐的生存与发展环境;在布局形式上,大美村讲求适应自然,因借自然,形成与环境相和谐的布局形式。"人—村落—自然"之间构成一个有机的整体,从而在空间上则形成一个相对独立的地理单元。依山傍水的选址、围塘而建的模式及梳式结构的布局体现了和谐的自然形态。

村落围绕水塘而建,以宗族文化为核心,民居多为一个大家族生活在一起,以合院形式发展,逐步形成现在的村落。在村落环境的规划布局中,大美村以"尊、亲"的宗法观念,建宗祠为中心,用以祭祖、续家谱,让人后代知道并重视祖宗血缘教化,树立热爱家园的环境文化。

2.2.4　村庄特色文化价值

2.2.4.1　整体价值特色评价

大美村历史悠久、历史遗存丰富、风貌保存完整,其村落价值特色可概括如下。

大美村古村落的选址与布局方面是传统人类聚居的杰出范例。在村落选址上,追求一种与自然环境和谐的生存与发展环境;在布局形式上,讲求适应自然,因借自然,形成一种相对自由灵活的布局形式。一是背山临水、依塘而建的选址典范。大美村地处火山丘陵向平原的过渡地带,村落选址背山临水,这样的建筑空间不仅为了符合典型的风水模式,更是为了适应生产生活的需要。二是错落有致的紧凑布局。在布局上,村落建筑依塘而建,以宗祠为中心,以巷道界别民居,呈网格状梳式布局,充分考虑到用水、排水及出行的便利,以自然山水之美和审美情怀以及自然灵气陶冶身心。

以火山岩为主要建筑材料的大美古村落是海南火山岩古村落的活标本,不仅保留着农耕时代的传统文明,还保留着其特有的生活形态和历史记忆,古宅与古树、碑文、文物古迹等厚重而多样的文化积淀、景观以及族群文化交融与互动,形成了一个完整、独立的文化生态系统。经考证,大美村的民居是海南省唯一的至今保存较为完整、规模较大的明代民居建筑群,对研究我国海南地区民居建筑艺术与建造技术具有较高的历史、文化与艺术价值。大美古村落、火山岩民居建筑传承七百多年,经历了历史的洗礼和检验,说明它的建筑材料及其使用技术与艺术非常成熟,建筑体系特别优越,文化内涵极其精深,是人类宝贵的民居建筑文化遗产。

大美村具有以家园精神为支撑的环境文化。大美村内引水为池塘,以石建井,村内有几棵大树,大树底下叠放着可供十几个人坐下的条石,居民聚在大树下休憩、交往、聊谈。这种居住文化十分成熟。在环境文化方面,讲究"人—村落—自然"之间构成一个有机的整体,在空间上则形成一个相对独立的地理单元。大美村是以宗法血缘情感为主体的王姓村落,具有"孝、亲"道德本位和凝聚力的家园精神,这些成为古村落环境精神文化形态构建的支撑。

大美村是钟灵毓秀、人才辈出的文明古村。大美村历史文化底蕴深厚,钟灵毓秀,人杰地灵,自古以来贤才辈出。澄迈县第一位武举王世亨就出自这里,明朝澄迈县第一位也是唯一位入朝为官的王赞襄也出生在这里,还有任训导、教谕升教授的王奋庸,拔贡生的王宇翰、王国瑚,岁贡生的王嘉言,恩贡生的王志道、王官联、王莹、王度衡,以及多名的监生、廪生等文人儒士,他们都出生于大美村,是大美村中的乡贤。

综上所述,大美村历史文化名村的价值特色确定为:以火山石建筑为特色,以宗族为纽带的社会结构以及以古树、水塘、民居为基本要素的村落格局保存完整的琼北火山石传统民居古村落。

2.2.4.2 文化价值

重点历史建筑如下。

大美村王氏宗祠:位于大美村西南,王氏宗祠是村中古建筑的代表作,从布局到选材制作都相当讲究。始建于明朝嘉靖年间(1522—1566年),迄今已有400多年。清康熙年间(1662—1722年)由大美村王绍关主持重修,供奉村内宋代以来有名望的绅士官员。1939年被日本人焚毁,1953年重修。规模扩大为三进"四合院式"布局,有外庭、照壁、角门、前庭、中庭、后庭、围墙和厢房,坐东朝西,东西长70多米,南北宽20米,占地1400多平方米,建筑面积为640平方米。

王氏宗祠为三进石木结构瓦房,外廊堂各有石柱六根,侧有厢房,有石柱四根,斗拱木制,堂内柱子为木质。第一进"内史第"为三厅两房大屋门,面宽五间16.6米,进深三间8.6米,高4.5米,厅为四金柱"抬部式"梁架,雨廊在后,倒厅式门屋结构;第二进"内史堂"为前后雨廊,三厅两房的大屋,面宽五间16.6米,进深三间10.6米,高4.8米,厅为四金柱"抬部式"梁架,两副厅、两房为十栋柱"抬金字"梁架;第三进"三槐堂"为前一雨廊,三厅两房的大寝屋,正副三厅为八大金柱"抬部式"梁架,两房为十栋柱"抬金字"梁架,面宽五间16.6米,进深三间10.6米,高5.1米,三槐堂前配有两厢房。每年农历正月廿九日,王氏大美子孙都聚集于宗祠里,举行奉祭活动。

宗祠大门前东北有百亩古池塘一座,东北20米有石砌六角古井一口,水位不深,清澈透明,甘洌可口。井边排放两个大石盆,可供村民洗涤衣服褥被、薯类杂物。池塘西侧20米有明代碑刻一通,上书为"内史王公里"。为海南典型"绕水而建"的生活、宗祠建设群,为坐西北向东南向。祠堂多有堂号,如大美王氏宗祠与下村王氏宗祠皆有雕刻"三槐堂"的木质牌匾,其堂号源自《宋史·王旦传》"旦父佑手植三槐于庭曰:吾之后必有为三公者",王氏后人即以三槐为典故,堂名取"三槐堂"。

大美古民居:位于大美村中,坐东向西,房宽 13 米,纵深 9.35 米,进深 5.5 米,为前后 6 进,门前各有石阶三级,室内为木柱障板结构。原有院落,大门北开,门口为火山石铺路,延伸至村口大路,与大路交合处有上、下马石各一块。民居原为大美村农民王业茂高祖父、清朝贡生王杜超所建,土改时期分给贫民居住,近年王业茂又出资购回。原有六间,已损毁三间。

大美村古井:大美三角古井位于大美村东,井口呈等边三角形,井栏门向西北,井沿边长各 5 米,据考证,为明代所建。保存较好,布局完整,井水清洌,仍在使用。

2.2.4.3　艺术价值

大美村中的民居建筑有着平整的天际线。民居多以淡雅的冷色调为主,讲究表露木质材料的纹理本色,或表现石头的庄重柔和。全村现保存有火山岩石垒砌的"一间三格十柱式"古石屋 210 多间,始建于明清时期,占现有居民建筑的 70%。其中,有 12 间古石屋建筑工艺精湛,石屋的四周墙均用较大的火山岩方石垒叠而成,方石向外的一面都经过精雕细刻,有表面平整、线条划一的直观效果。大美村火山石传统民居主要有大小木作(大木作装饰主要有侏儒柱和梁的装饰、小木作主要有神龛及门窗装饰),屋脊照壁灰塑,瓷瓦石装饰件(包括蓄水缸以及生活用的石磨洗衣槽等);外部装饰有石柱、山墙楔头。由于火山口片区由火山喷发产生的土壤不具有保水性,而用水却是民居的关键问题,因而产生形形色色的缸釜文化(当地嫁娶都看对方缸的多少),屋顶灰塑工艺与民居主人地位有关,只有官员屋顶才能出现雕塑,普通民居只能起翘。

火山岩建筑主要是靠建筑围合空间,从而营造"聚气"与"通透性"的环境。从火山岩石构墙体结构上看,大美村火山岩民居的墙体结构比用任何土木建材构筑的墙体结构更富有创造性、灵活性。

2.2.4.4　社会价值

大美村火山岩古村落的民居,是具有封闭、内向的院落形制,整个村落的民居院落多至几十户到几百户,形成民居院落群,即古村落。

大美村民居多为一个大家族生活在一起,基本模式多为"合院式",较多古民居是连通的二合院、三合院。部分大家族采用多进院,如王业茂故居即为六进院。合院规模不大,院落每栋房屋之间间距较近,院落进深与屋高差不多都在 3.5~4.0 米左右。

大户人家宅第与一般民宅的类型是相同的,反映了一种"邻里和睦、平等无欺"的行为方式,但在细节上有所变化,如民居的石墙,富有人家的院墙显得更为工整,而普通人家砌石自然粗糙。

王氏宗祠是供奉村内祖先神主、举行祭祀活动的地方,同时还是教育本族子弟的场所。祭祖所需举行的仪式充分体现了传统伦理,展示了礼教规范,也是一种教化手段,而宗祠正是传统社会宗法观念的物质载体,在地方社会拥有极高的地位。

大美村有状元桥、五龙桥两座,这是反映明清时期大美村生产力水平、科技水平的标杆建筑,是研究地方交通发展历史的重要证据。

2.2.4.5　经济价值

传统村落是我国宝贵的文化遗产,蕴含着深厚的历史文化信息,被誉为经典的民间文化生态博物馆、乡村历史文化活化石,是中华民族优秀传统文化的重要载体和象征。大美村现有的火山岩古建筑群和历史街巷、特色文物遗存与文化活动具有极高的旅游与展示价值,通过全面的保护与合理的利用,发掘其旅游与展示功能,能够显著提升村庄的经济水平,为传统村落的保护提供重要的资金保障。

大美村古村街巷格局典型,村内建筑遗产、历史文化遗迹分布集中,颇具规模,风貌较好,周边历史文化资源丰富。古村由元代经过几百年演替至今,保留着众多的历史遗迹,宗族文化底蕴深厚,尊师重教的传统不断影响着周边地区。谭昌村保留了古村落选址、火山岩建筑形制、聚落结构、建筑雕刻等方面大量的历史信息,研究古代琼北地区的经济文化、民俗风情具有极高的历史价值、文化价值、科学价值与艺术价值,其保护与发展对于弘扬中国传统文化与社会价值观、推动村落经济发展具有重要意义。

2.2.4.6　物质文化遗产特色与价值

大美村的祭祖,时间是每年农历正月二十九。大美村祭祖时,大美村子孙都聚集于祠堂,进行祭祀活动。家家户户杀鸡宰鹅,准备的上供祭品包括鸡、猪肉、米酒等,燃烟点炮,祈祷先祖保佑子孙平平安安,万事顺利。邀请亲朋好友过来聚餐,晚上则观看琼剧演出,热闹非凡。这一天,村里会将一头全猪送给100岁以上的老人。不同年龄的老人也会得到不同的奖励。在大美村,100岁以上的老人又叫太上老。

恪守祖训家规的大美村,每年祭祖庆典,都会严格按照族谱上所记录的祭祀仪式进行。所有子孙都要聚集祠堂,行完祭祀之礼后,按照"尊老、抚孤、重教"规例,把祭祀的猪肉分到各家各户,称之为"分胙"。

2.2.4.7　历史名人与典故

大美村是古时帝王老师的故里。大美村王氏族谱上,有一个响当当的名字:王赞襄。

村内有三口古井,其中两口六角古井,为村民日常所用;另一口稀有的三角形古井,是古人为王赞襄而设。据村民口口相传,明嘉靖十年(1531年),王赞襄快要出生时,村后的一棵椰子树,突然分成三根树干,台风刮来也无法损坏一片树叶。村民认为这奇特现象意味着村里将有奇事和奇才出现。果然,王赞襄出生后,从小拥有过目不忘的本事,13岁就博通经史,成为闻名琼州的神童。

据记载,王赞襄17岁时,就考取琼州科举第二名,后考选中书,被钦赐状元。先后为穆宗、神宗皇帝的口授代笔、抄写文告。进一步得到赏识后,他出任经筵讲官,即皇帝的老师。

虽在朝中为官,王赞襄也十分廉洁。王赞襄离世后,皇帝下旨在他的故乡大美村内立起一块火山岩石碑,石碑刻上"内史王公里",至今仍保存完好,立在村子广场旁。

2.2.5　村庄发展潜力分析

2.2.5.1　优势机会条件分析

（1）农业、林业种植优势

第一产业是金江镇目前的支柱产业，产值比例约占六成，反季节瓜菜及水稻等农作物种植量大。大美村位于金江镇域东部较为宽旷的海积平原地区，区域内水资源丰富，土地肥沃，植被情况良好，支撑农业发展的水、热、光、肥条件较好，单位土地的产出较高，为未来发展旅游农业观光提供了有力的支撑，是金江镇重要的农业种植区之一。主要经济作物有水稻、香蕉、槟榔、九品莲花等。

（2）人文景观资源优势

大美村是个较具特色的村庄。其中，大美村是镇域内建设情况较好的四个生态文明村之一，也是澄迈县 15 个中国传统村落之一，村内环境整洁，公共活动设施、基础设施较为完善，交通便利。19 条古石道间，错落有致地垒砌着 200 多间火山岩房屋，清幽古朴；稀有的三角形古井背后，有关"神童"的传说，耐人寻味；千年木棉树下，长寿老人唱戏作乐，好不自在。这些，都是澄迈金江镇大美村的美。有利于发展农家乐、农庄体验等旅游娱乐项目。同时，文明村的建设为村民创造了良好的生活、生产环境。

（3）区位交通优势

"美丽乡村"带（永美带）村庄位于金江镇东部的美亭片区，距澄迈县城约 20 千米。其东侧、南侧和北侧分别与永发镇、瑞溪镇和大丰镇相邻。美丽乡村带（美郎、杨坤、大美）主要由县道（X266）与外部相连，各村通过县道向西约 9 千米可达海榆西线黄竹出口处，向东仅 4 千米可达中线高速路，由于高速路在美椰村东侧的东兴村处设有出入口，因此从海口市区经中线高速抵达美丽乡村带各村仅需 24 千米，车程仅半个多小时，通达性大大加强。

（4）历史文化优势

大美村历史悠久，人文厚重，历史文化遗产丰富。2017 年 11 月 25 日，谭昌村入选由住房和城乡建设部、文化部、国家文物局、财政部、国土资源部、农业部、国家旅游局等七部局公布的第三批中国传统村落名录。同时，大美村也是澄迈县申报火山岩古村落群世界文化遗产的古村落之一。大美村历史环境要素包括牌坊、照壁、池塘、古树、古桥、古井等能体现大美村传统特色和典型特征的构筑物和环境要素。它们与民居建筑群共同体现着古村的历史风貌。

传统村落是我国宝贵的文化遗产，蕴含着深厚的历史文化信息，被誉为经典的民间文化生态博物馆、乡村历史文化活化石，是中华民族优秀传统文化的重要载体和象征。谭昌村现有的火山岩古建筑群和历史街巷、特色文物遗存与文化活动具有极高的旅游与展示价值，通过全面的保护与合理的利用，发掘其旅游与展示功能，能够显著提升村庄的经济水平，为传统村落的保护提供重要的资金保障。同时满足申报火山岩古村落群世界文化遗产及建设社会主义新农村的要求，成为"历史风貌完整、生态环境优美，以遗产保护为核心、兼顾村落发展的海南火山岩建筑传统古村落"。

展示利用内容：大美村的文物保护单位、历史建筑、历史环境要素、非物质文化遗产等列为展示利用内容。

古村历史文化特色骨架：规划大美村总体布局，形成"一个特色片区、两处文化景观节点、梳状传统街巷"的历史文化特色骨架。

一个特色片区：特色古民居院落集中片区。

两处文化景观节点：池塘南侧宗祠节点，包括村口牌坊、广场、池塘、祠堂、古树、古井、状元桥等历史环境要素，形成大美村重要的文化景观节点。

北侧五龙桥节点，包括五龙桥、池塘、岸边广场、古井、古树等历史环境要素。

梳状传统街巷：梳状历史街巷是联系古村内"点"与"片"、文化景观与自然景观的纽带，它们一同构成了大美村的特色骨架。

展示路线组织：为了体现杨坤村的深厚文化内涵与历史文化特色，规划沿池塘东侧组织文化旅游路线，即池塘南侧节点（村口牌坊、广场、池塘、古树、古井、状元桥等）—王氏祠堂—照壁—大美古民居—老虎石、古井—五龙桥节点（五龙桥、池塘、岸边广场、古树等）。

未来可加强杨坤村与周边古村落的联系，促进跨区旅游。

2.2.5.2 制约因素

（1）劣势挑战条件分析

①大美村虽然是金江镇重要的农、林业种植区之一，但目前的农、林业生产均为散户小规模种植，农业专业合作组织和农业服务业发展滞后，总体效益较低，农业生产的稳定性差，进而制约了农民增产增收。

②第一产业未与镇域的第二产业、第三产业形成联动，主要功能以种植为主，缺乏销售、物流、加工等相关产业的配套支撑，产业链短，经济效益较低。

③大美村拥有丰富多样的植被、水系和地形地貌等景观资源以及特色村庄等人文资源，但目前并未被充分发掘。

（2）传统村落保护与发展的矛盾

①传统风貌的传承问题：曾经和谐自然的古村落，如今正在面临着钢筋水泥的侵蚀。传统民居建筑是大美村的一大特色，是构成大美村整体风貌不可缺少的一部分。但由于近年来一些年轻人建新房，热衷于砖房子和瓷砖、涂料，新建筑逐渐增多，新老建筑混杂，而且传统建筑已破旧或损坏需要修缮，一定程度上影响了古村的整体特色风貌。

②生活舒适度问题：部分传统古民居过于简陋，基础设施落后，居住条件差，生活环境差，存在人畜混居现象，和现代生活习惯差距甚远，面临着保护和居住舒适度方面的两难选择。

③文化传承问题：伴随着传统民居的衰退，消失的不仅仅是村落，还有很多如风水布置、耕读传家、节气耕作等传承上千年的风俗传统、文化习俗。

④经济发展问题：村庄普遍经济发展水平低，外出打工人多，部分老房已无人居住，村庄空心、衰败的现象渐显。

⑤未来发展方向问题：传统村落不是"文保单位"，而是生产和生活的基地，是社会构成

的最基层单位,是农村社区。它面临着改善与发展,直接关系着村落居民生活质量的提高。保护必须与发展相结合。

针对关系村庄保护与发展的战略性方向问题,村内至今未形成系统的思路与策略。如何实现保护与传承,如何发展经济、引人回村、建设海南美丽乡村、保护海南古村民居是扬坤村面临的重要问题。

2.2.6　相关规划

(1)《海南省澄迈县城乡总体规划(2013—2030 年)(纲要)》

明确澄迈县建设“海南省航运枢纽和开放门户,琼北战略新型工业和现代物流基地,琼北重要的休闲旅游度假胜地,海南热带特色农业与都市农业基地,海口都市区生态宜居的城乡一体化聚集区”的城市发展目标,提出“打破城乡二元结构,实现城乡统筹发展;打破经济中心和行政中心二元结构,形成双心协同互动,带动县域整体发展”的总体发展策略,发挥资源特色和“世界长寿之乡”品牌优势,建设生态宜居城市。

总规纲要将澄迈县域划分为三个次区域,其中,老城镇谭昌村属于中部生态休闲功能区,未来将逐步形成山水特色鲜明、城镇与旅游区散落的休闲型功能区,形成带动澄迈内陆地区发展的城乡一体化聚集区。

规划明确构建涵盖历史地段、文物保护单位、历史建筑、非物质文化遗产等内容的完整的历史文化资源保护体系,以保护历史遗存为重点,充分发掘其中的文化内涵,制定历史文化资源保护策略,强调在历史地段(古建筑群、街区、村落)采取“核心保护范围”和“建设控制地带”两级保护的方式。在核心保护范围内对传统建筑应以保存、维护和修缮为主,严格保护街巷道路和空间尺度,确保整体历史氛围不受破坏;在建设控制地带内新建或改建的建筑,要与历史地段的整体风貌相协调。

规划要求依据《中华人民共和国文物保护法》等相关法律法规,严格保护各级文物保护单位。历史建筑的保护应遵循统一规划、分类管理、有效保护、合理利用、利用服从保护的原则,依据《城市紫线管理办法》划定包括历史建筑核心及必要的建设控制地带在内的紫线保护范围。

针对非物质文化遗产,规划要求按照“保护为主、抢救第一、合理利用、传承发展”的原则,切实做好非物质文化遗产的保护、管理和合理利用工作。加大非物质文化遗产保护的宣传力度,继承和发扬历代的精神财富。

(2)《澄迈县金江镇大美行政村“美丽乡村”建设规划》

规划目标:加强对大美村村庄建设与发展的规划指导,贯彻落实科学发展观,实现城乡统筹协调发展,建设“生产发展、生活宽裕、乡风文明、村容整洁、管理民主”的社会主义新农村,保护村庄生态,合理开发,改善村庄人居环境,切实提高农村居民生活水平。

(3)《海南省澄迈县金江镇大美村传统村落保护发展规划(2015—2030 年)》

保护规划策略应做到如下几点。

①重点保护、修复大美村内具有历史价值和历史风貌的历史建筑、遗存,保持大美的历史真实性。

②保护大美内各项非物质文化遗产,使其成为海南古村落传统文化的集中展示区。

③保护大美的历史风貌、传统肌理及整体山水格局,使其成为中国海南火山岩传统古村落的活化石。

④整治大美居住环境,完善配套基础设施,使其成为居住环境优美、生活条件舒适的村庄聚落。

⑤合理利用大美历史文化遗产和生态环境资源,发展特色明显的文化旅游产业,形成海口传统文化旅游的新亮点。

2.3 澄迈县老城镇龙吉村

2.3.1 基本概况

2.3.1.1 地理位置及区域交通

(1)村落地理位置

龙吉村为隶属于老城镇的行政村,位于老城镇东侧约 3 千米处,距离海口约 20 千米,距金江镇(澄迈县城所在地)约 38 千米。龙吉村村域面积约 2.53 平方千米(行政村),其中,龙吉村村庄占地面积 13.3 公顷(200 亩)。

(2)区域交通

龙吉村村庄南北两侧分别有乡级道路与 208 省道、南一环路衔接,向西可抵达老城镇主城区,再经 225 国道向北可抵达海口市区(长流区),向南可抵达澄迈县城(金江镇)。龙吉村村域范围内交通干道便利,围绕村庄西、南、北已建设成半环形乡村路。

2.3.2.2 自然环境概况

(1)气候条件

龙吉村属于热带季风海洋性气候,受季风影响较大,四季分界不明显。气候温和,雨量充沛、四季如春。年平均温度为 23.7℃,最冷的一月平均气温为 17.2℃,最热的七月份平均气温为 28.4℃,年均日照为 2 017.6 小时,年均降雨量为 1 790.7 毫米。最大日降水量为 500 毫米,平均相对湿度为 84%。

(2)地质地貌

龙吉村属于第四纪内陆湖相碎屑岩沉积区与火山喷发区,北高南低,东西高中间低,海拔高度在 10~50m,平均坡度小于 8%。受古火山喷发的影响,基岩多为玄武岩和凝灰岩。

(3)水文与水资源

受气候与降水条件的影响,龙吉村水资源较为充沛。村庄内部无人工开挖的较大型湖塘,但村庄南侧有九曲溪流经村域。

(4)土壤与植被

龙吉村土壤可分为黏土、亚黏土、含砾亚砂土等土层,土壤肥沃。其中,龙吉村前梯田的土壤质地疏松软,雨水把山坡上的农家肥和岩页石风化后的有机质尘土冲到梯田里,经过长年累月的冲积与混合融化,形成一层约有 60～70 厘米厚的黑土层,是一块在海南乃至全国都少见的黑土水田。

受亚热带气候和水文条件影响,龙吉村植被类型丰富,拥有榕树、波罗蜜、荔枝、木瓜、椰子、枇杷、凤凰树等多种乔木。农田种植区主要种植圣女果、稻米等经济作物,其中,稻米种植已有 800 多年历史,当地籼米比其他地方的更加细长,粳米则更加粗壮,在明清时代曾被纳贡进京成为皇室贡品(称为"龙吉贡米"),成为海南农业历史上一个传奇品牌故事。

2.3.2　社会经济概况

(1)行政区划及人口

2017 年,龙吉村户籍人口为 1 948 人,常住人口为 1 800 人。

(2)村庄经济发展

2017 年龙吉村农民人均纯收入为 9 600 元。产业结构方面,龙吉村历年都是以第一产业为主导产业和支柱产业,主要为瓜菜种植、水稻种植;基本不存在第二产业。

2.3.3　村落历史沿革

2.3.3.1　村落历史

龙吉村建村已有 800 多年的历史。入村始祖郑宋公,又名郑朝儒,福建莆田人,官任中宪大夫、雷州同知等职。郑宋公于宋代庆元年间渡海入琼,游览迈岭,看见有一巨石状如龙头,左右两侧各有一池,似如龙目,远看犹如一巨龙盘踞岭上,觉得是风水宝地,因而定居于此,取名"龙吉村"。

2.3.3.2　村落演变

龙吉村村落整体坐落在一座石山上,从下至上酷似一把靠椅,后山前水,火山石民居及祠堂连片分布,保存较好,民居依山而建,具有海南特点的"十柱屋"外墙及柱础均用火山石,隔板用波萝蜜格木及松木等木材。村前约 500 亩的田地,呈梯状一直延伸至澄江支流岸边。据当地传说,从明代弘治年间以后的 300 多年间,这里所生产的稻米一直作为皇室贡品进贡京城,进奉贡品给龙吉村民带来自豪。

在民国时代,由于多年战乱,龙吉村发展处于停滞状态,直到新中国成立后才恢复生机。新中国成立后龙吉村村庄建设区由沿村庄主路向北和向西两个方向延伸,至今龙吉村已发展成为建设用地超过 25 公顷,人口达 1 948 人的大型村落。

2.3.3.3　历史名人与典故

郑宗,又名郑朝儒、郑忠,系郑姓过琼始祖之一、原籍福建省莆田县。宋庆元年间(1195—1200 年)从福建迁琼,落籍今址澄迈县老城镇龙吉村。裔孙郑文明,清康熙年间(1662—1722 年)迁居今址澄迈县美亭乡万昌村。

2.3.4 村庄特色文化价值

2.3.4.1 历史价值

龙吉村建村 800 余年,祖先郑宗又是郑姓过琼始祖之一。龙吉村人才辈出,同时也吸引大批名人来访。龙吉古村内现存传统建筑大多修建于明清年代,距今已有近 300 年的历史。传统建筑集中连片分布,村中有火山岩传统民居 173 间,共计 18 070 平方米,大部分保存情况基本完好,均坐北朝南。村内现存通德堂与龙吉古井 2 处为尚未核定公布为文物保护单位的登记不可移动文物。其中,古代学堂山门横额石条"通德堂"三字乃清代进士、海南史上唯一的探花张岳崧所题。

龙吉古村村落典雅、古朴,大部分传统建筑主体完整,建筑风格多为海南典型的硬山坡屋顶平房结构,部分为"十柱居"结构,石头为火山石,木材均为菠萝蜜格板等,是澄迈县乃至海南省具有代表性的火山岩传统民居建筑群。同时古村内有 20 条由火山岩砌成的石板路,串联村内火山岩传统民居,纵横交错,形成独特的村落路网格局。

2.3.4.2 文化价值

龙吉村的核心古建筑群集中在龙山半山平坡之间,建筑保留着中华民居传统的木石结构,几乎与周围环境融合为一体;古树和祠堂位于村落中南侧与村落西侧。在村中的小巷道几乎全部为火山岩砌成,狭长而幽深。村落整体风貌保留了明清年代海南传统火山岩民居群落的全部特征。

核心区古建筑群共计 18 070 平方米,传统建筑基本维持明清年代建筑风格和布局。

目前,龙吉村传统民居和建筑群内仍居住大量居民,全部为龙吉村原住居民,保留了传统的农耕与生活方式;由于龙吉村郑氏宗族文化的延续使得龙吉村的生命力持久而有活力,海南乡村习俗和朴素的生活传统也得以传承和发扬。

龙吉村自古以来崇礼尚德,村中传承着较为浓郁的宗族文化,是琼北郑氏文化的重要传承地;每年农历四月二十日,村民都会拜谒祖先郑宗公,农历十一月十七日是境主定远侯的祭拜日。

2.3.4.3 科学价值

龙吉村依山而建,村落内建筑群和巷道均沿山形地势延伸,利于雨季排水,这对研究古代村落选址与建筑布局中趋利避害的原则与方法具有极高的科学价值;同时,龙吉村的发展过程是一部宗族建村史,为研究海南地区宗族文化的传承与发扬提供了历史佐证,对文化人类学与历史学的研究具有重要的科学研究价值。

2.3.4.4 艺术价值

龙吉古村落选址龙山南坡,背靠山峦起伏,脉形宛如龙腾虎跃的龙山,面对延绵流长的九曲澄江,秀美洁净的吉水,形成坐北朝南、依山望田的景观格局,极具特色;村内院落布局统一而富有变化,院子布局以正房为核心,形成独院式格局,并有东西偏房相衬;建筑简洁的外形独具特色,是典型的琼北古代火山岩民居建筑群;主要传统建筑多为木石结构,民居建筑屋顶多为硬山式风格,其内部结构多为抬梁式构架;民居建筑又不乏装饰,木雕、彩画、灰塑等工艺纯熟、内涵深刻,体现出较高的艺术水平,具有很高的艺术价值。

2.3.4.5　社会价值

"乡村的生活模式和文化传承从更深层次上代表了中国的历史传统",传统文化的天人合一和伦理观念关系到人与人、人与自然的和谐,这种传统文化在龙吉村表现得淋漓尽致。与现代社会"原子化"的社会关系不同,在村落中,人与人之间形成了紧密的社会联系,它主要体现在同宗同源的血浓于水、和谐互助的友邻关系、人与人"德业相劝、过失相规、礼俗相交、患难相恤"的传统道德准则上。龙吉村作为中国朴素社会风尚与价值观的具体代表,其传统与风尚的弘扬具有重要的社会意义。

2.3.4.6　经济价值

传统村落是我国宝贵的文化遗产,蕴含着深厚的历史文化信息,被誉为经典的民间文化生态博物馆、乡村历史文化活化石,是中华民族优秀传统文化的重要载体和象征。龙吉村现有的火山岩古建筑群和历史街巷、特色文物遗存与文化活动都具有较高的旅游与展示价值,通过全面的保护与合理的利用,发掘其旅游与展示功能,能够显著提升村庄的经济水平,为传统村落的保护提供重要的资金保障。

龙吉古村街巷格局典型,村内建筑遗产、历史文化遗迹分布集中、颇具规模、风貌较好,周边历史文化资源丰富。龙吉村保留了古村落选址、火山岩建筑形制、聚落结构、建筑雕刻等方面大量的历史信息,对研究古代琼北地区的经济文化、民俗风情具有极高的历史价值、文化价值、科学价值与艺术价值。

2.3.4.7　物质文化遗产特色与价值

龙吉村现有的非物质文化遗产主要为每年农历四月二十日拜谒郑宗公的纪念日,以及农历十一月十七日的境主定远侯的祭拜日。每年农历四月二十日,全村人拜谒郑宗公,家家户户杀鸡、杀猪祭祀郑宋公,村民组织邀请琼剧团唱大戏,组织各种体育活动,如排球、篮球赛等。农历十一月十七日祭拜境主定远侯,村民及亲朋好友与远方的客人一起参拜,欢聚一堂。

古祠"通德堂"(在门楣上)是清嘉庆十四年登进士第,由海南史上唯一探花张岳崧亲笔题书。

2.3.5　村庄发展潜力分析

2.3.5.1　优势机会条件分析

(1)资源优势

龙吉村地处于平原区域,辖区范围内地势平坦、土地肥沃,适宜耕作,现已形成较大的粮食、反季节瓜菜和果蔬种植地;水利资源也较丰富,含有三个水库,以作农田的灌溉。

(2)交通优势

现有水泥公路与老城镇相连,随着老城镇的发展与扩张,将来龙吉村与县城的空间距离将更加趋于缩短。较好的区位条件与较为便利的交通条件使龙吉村在产业发展上具有一定的优势,通过县城这一交易与流通平台,村庄的所出所产能更加便捷地注入各级市场。同时,通过县城能为村民提供多元的就业途径,促进农民多渠道增收。

(3)历史文化优势

龙吉村历史环境要素种类较多,有古树、古井、祠堂等。龙吉村现存古祠堂4处,古井2口,古树3株。特色明晰的祠堂、古井、古树等体现了龙吉古村的地域特色,具有一定的历史文化价值。

传统村落是我国宝贵的文化遗产,蕴含着深厚的历史文化信息,被誉为经典的民间文化生态博物馆、乡村历史文化活化石,是中华民族优秀传统文化的重要载体和象征。龙吉村现有的火山岩古建筑群和历史街巷、特色文物遗存与文化活动具有极高的旅游与展示价值,通过全面的保护与合理的利用,发掘其旅游与展示功能,能够显著提升村庄的经济水平,为传统村落的保护提供重要的资金保障。同时满足申报火山岩古村落群世界文化遗产及建设社会主义新农村的要求,成为"历史风貌完整、生态环境优美、以遗产保护为核心、兼顾村落发展的海南火山岩建筑传统古村落"。

①展示利用内容。展示龙吉传统村落的社会、文化、经济、建筑,展示其兴起、繁荣的状况,展示历史上的重大事件。展示龙吉村的建筑遗产,包括选址布局、宗祠建筑、火山岩传统建筑与院落、学堂及建筑装饰文化。展示郑氏家族的发展历史及其曾经取得的成就,展示历代郑氏名人与典故。展示古村落的生活习俗、民间文化。展示龙吉村及其周边的风土特产和民间手工艺。展示龙吉村的宗教文化和祭拜文化。

②传统村落展示功能分区。依据古村落历史文化遗产分布和保护发展规划要求,将龙吉村分为以下展示功能分区。

历史文化展示区,主要集中于火山岩历史建筑分布密集、保存完好的片区,街巷风貌优美,民居错落有致,重点展示龙吉村火山岩传统建筑的特色、街巷格局,以及通德堂、火山岩浆小巷道等优秀文物,向游客展现龙吉村村民的智慧积淀。

宗庙祠堂展示区:分别位于龙吉村东、中、西部,包括通德堂、将兴公祠、郑氏宗祠和宗祠等文物与名胜古迹。

旅游服务接待区:位于龙吉村西南主路南侧,紧邻村口,是集中为游客提供接待服务的功能分区。

娱乐文化展示区:位于龙吉村西南,结合小学内的公共空间构建文化娱乐活动场所,展现龙吉村的特色民间文化、节庆活动和庙会活动等。

自然生态展示区:位于村南的富硒黑土田,承载了龙吉村几百年的农业自豪与智慧。

③展示路线组织。为了体现龙吉村的自然山水、深厚的文化内涵与历史文化特色,规划游线以村庄南北两侧主路为轴,形成向南、向北展开的网状游线体系,以衔接郑氏宗祠、宗祠、通德堂、将兴公祠、古井、古树以及山地火山岩民居等名胜古迹。

非物质文化展示路线结合村庄中部主要巷道、公共空间展示龙吉村的风土人情、节日节庆、传统手工艺制作和宗族品德风尚等非物质文化遗产。

2.3.5.2 制约因素

(1)经济发展制约因素

①目前制约龙吉村经济发展的主要因素是种植规模较小、没有形成大面积的种植基地,总体种植技术落后。农业基础设施薄弱且对农业的投入较少,农产品较为单一。目前需要扩大农业种植规模,加大对农业基础设施的建设,普及农业科普知识,加大技术投入,提高村民的素质,转变村民的思想,从而达到经济的总体提升和人民生活水平的总体提高。

②村落生活环境质量下降。古村内的生活污水通过明沟或是盖板明沟未经处理直接排至村中水渠,对古村落水体造成污染;古村内大部分古建筑老化,基础设施不全,线路架设杂乱,有着潜在的火灾隐患;部分古建筑内部通风采光严重不足,缺乏必要的厨卫设施,远不能满足生活水平的发展需要。这些都使得古村落的居住环境质量下降,村民生活质量亟待改善。

③居住人口老龄化、古村落空巢化现象突出,村落发展活力日渐衰竭。由于龙吉村经济基础较为薄弱,经济结构上以农业为主,大部分青年为了追求更好的生活质量都外出打工,致使古村落留住人口下降,并呈现出老龄化的态势,严重制约了古村落的发展,古村发展活力日益衰竭。

(2)传统村落保护与发展的矛盾

①严重缺乏保护抢修资金、部分文物古迹与传统建筑亟待修缮:由于保护资金的不足,同时缺乏有效的文物管理机制,长期以来,众多的文物古迹遗址缺乏保护和维修,造成部分传统建筑年久失修、结构老化,并且遭到人为拆毁,历史文化价值厚度日益消减,亟待投入资金进行抢救性修缮。

②保护与发展的矛盾:随着村民生活水平的提高,生活观念的不断变化,古村落传统民居的平面形制已不能适应现在生活的需要,村民要求改善居住条件的愿望越加强烈。但由于村内缺少宅基地,以及部分村民缺乏足够的古建筑保护意识等原因,少部分村民便拆除了濒临毁坏的古建筑或是在古建筑群中的空地上新建建筑。而专业知识的缺乏导致多数新建的房屋,与传统建筑风貌格格不入,严重破坏了古建筑群体本身和古村传统风貌的统一。古村完整保留下来的传统巷道空间正在减少,村落的界面破坏也较为严重,保护与发展的矛盾日益尖锐。

2.3.6 相关规划

(1)《海南省澄迈县城乡总体规划(2013—2030年)(纲要)》

明确澄迈县建设"海南省航运枢纽和开放门户,琼北战略新型工业和现代物流基地,琼北重要的休闲旅游度假胜地,海南热带特色农业与都市农业基地,海口都市区生态宜居的城乡一体化聚集区"的城市发展目标,提出"打破城乡二元结构,实现城乡统筹发展;打破经济中心和行政中心二元结构,形成双心协同互动,带动县域整体发展"的总体发展策略,发挥资源特色和"世界长寿之乡"品牌优势,建设生态宜居城市。

总规纲要将澄迈县域划分为三个次区域,其中,老城镇龙吉村属于中部生态休闲功能区,未来将逐步形成山水特色鲜明、城镇与旅游区散落的休闲型功能区,形成带动澄迈内陆地区发展的城乡一体化聚集区。

规划明确构建涵盖历史地段、文物保护单位、历史建筑、非物质文化遗产等内容的完整的历史文化资源保护体系,以保护历史遗存为重点,充分发掘其中的文化内涵,并制定历史文化资源保护策略,强调在历史地段(古建筑群、街区、村落)采取"核心保护范围"和"建设控制地带"两级保护的方式。在核心保护范围内,对传统建筑应以保存、维护和修缮为主,严格保护街巷道路和空间尺度,确保整体历史氛围不受破坏;在建设控制地带内新建或改建的建筑,要与历史地段的整体风貌相协调。

规划要求依据《中华人民共和国文物保护法》等相关法律法规,严格保护各级文物保护单位。历史建筑的保护应遵循统一规划、分类管理、有效保护、合理利用、利用服从保护的原则,依据《城市紫线管理办法》划定包括历史建筑核心及必要的建设控制地带在内的紫线保护范围。

针对非物质文化遗产,规划要求按照"保护为主、抢救第一、合理利用、传承发展"的原则,切实做好非物质文化遗产的保护、管理和合理利用工作。加大非物质文化遗产保护的宣传力度,继承和发扬历代的精神财富。

(2)《海南省澄迈县老城片区总体规划修编(2014—2030年)》

针对村庄建设与发展提出以下策略。

节约用地,引导农村居民点合理布局:通过合理布局农村居民点,进行村庄整治和退宅还耕,使农村居民点的整治迁并与农业生产发展和农民生活水平提高相结合、与城市建设用地扩展和耕地保护相结合,使农村居民点用地的减少与城市建设用地的增加紧密结合,高效集约利用土地资源。

加强与完善农村公共服务设施:完善农村公共福利类公共产品的供给。农村公共福利类公产品的供给包括建立农村最低生活保障制度、建立农村公共医疗卫生保障制度、建立农村教育培训制度。同时加强农村公共事业类设施的供给。中心村应配有居委会和综合性的文化、科技活动室。文化、科技活动室包括阅览室、活动室、文化宣传栏等,可与村委会一起建设。一般村应配套建设小型文化站,设置文化宣传栏等。

完善农村基础设施:加强农田水利建设,改善农村生产生活条件,积极发展乡村集中供水、生活污水和生活垃圾集中处理,为农民生产生活创造基础条件。强化林业基础设施建设,着力打造生态家园。实现25度以上坡地退耕还林,川塬农田林网化,绿化美化"四沿"区域,建立完善的林业生态体系和管理体系,把广大农村建成环境优美、居住舒适的"生态家园"。

合理引导农村产业发展:发展现代农业。优化农业产业结构,培育特色主导产业;实施农业产业化经营,提高农业综合经济效益;加快科技引进推广步伐,增强科技对现代农业发展的支撑力;立足农产品市场建设,构建农村现代流通体系;鼓励农民立足当地资源,开发旅游产品,延长旅游产业链条。

(3)《海南省澄迈县老城镇龙吉村传统村落保护发展规划(2015—2030年)》

提出的规划目标:实现对龙吉村古村的有效保护和可持续发展,保持和延续其独具特色的古建筑群风貌景观,继承和发扬龙吉村古村的传统文化,改善古村内的居住生活环境,妥善处理保护与开发建设之间的关系。通过保护发展规划和村庄建设相关规划,要使龙吉村同时满足申报火山岩古村落群世界文化遗产及建设社会主义新农村的要求,成为"历史风貌完整、生态环境优美、以遗产保护为核心、兼顾村落发展的海南火山岩建筑传统古村落"。

2.4　澄迈县老城镇石石矍村

2.4.1　基本概况综述

2.4.1.1　地理位置及区域交通

(1)村落地理位置

石石矍村位于澄迈县老城镇境内,隶属老城镇行政村——石联村村委管辖,位于老城镇西北边方向 7.9 千米处,行政村村域范围北至谭昌村,西临马村行政村,南至 208 省道,东临大亭行政村与文大行政村;距离海口市区约 30 千米,距金江镇(澄迈县城所在地)约 25 千米。石联村村域面积约为 10 平方千米(行政村),其中,石石矍村村庄建设用地面积为 13.82 公顷。

(2)区域交通

石石矍村村庄南临 208 省道,向东可直接抵达老城镇主城区与海口市区,向西南经金马大道可直接抵达澄迈县城(金江镇),交通十分便利。村东侧有 Y102 乡道连接美玉村,村庄内无穿越式交通干道分割,以街巷道路为主。

2.4.1.2　自然环境概况

(1)气候条件

石石矍村属于热带季风海洋性气候,受季风影响较大,四季分界不明显。气候温和,雨量充沛、四季如春。年平均温度为 23.7℃,最冷的一月平均气温为 17.2℃,最热的七月份平均气温为 28.4℃,年均日照为 2 017.6 小时,年均降雨量为 1 790.7 毫米。最大日降水量为 500 毫米,平均相对湿度为 84%。

(2)地质地貌

石石矍村向北临近澄迈湾,属于滨海潮坪沉积与滨海海湾环境沉积;全村地形平坦开阔,地势起伏缓和,海拔高度在 15~20 m,东北高西南低,平均坡度小于 1%。受古火山喷发和海洋冲积共同影响,基岩多为玄武岩和凝灰岩。

(3)水文与水资源

受气候与降水条件的影响,石石矍村水资源较为充沛。村庄内及周边无大型河流,但村西南拥有一处人工开挖湖塘(饮马塘),水面面积为 2.72 公顷。

(4)土壤与植被

石石矍村土壤可分为黏土、亚黏土、含砾亚砂土等土层,土壤肥沃。受亚热带气候和水文条件影响,石石矍村植被类型丰富,拥有榕树、波罗蜜、缅栀子、椰子、枇杷等多种乔木与果树。

2.4.2 社会经济概况

2.4.2.1 行政区划及人口

石石矍村属于石联行政村。2011 年,石联村共有人口 2 492 人,总户数为 583 户,户均人口约 4.3 人。其中,石石矍村户数为 368 户,户籍人口共 1 475 人,全村均为冯姓。

2.4.2.2 村庄经济发展

2017 年石石矍村农民人均纯收入为 9 600 元。产业结构方面,石石矍村历年都是以第一产业为主导产业和支柱产业,主要为瓜菜种植、水稻种植,同时有少量小规模鱼塘养殖业与畜禽类(猪、鹅等)养殖业;村内基本不存在第二产业。

由于石石矍临近北部港口和电力公司,近年来村内居民大多去附近企业上班,家庭收入较以前有显著增加。

2.4.3 村落历史沿革

2.4.3.1 村落历史

南梁大同六年(540 年),海南发生动乱,冯宝、冼夫人带兵亲征,渡琼州海峡于置州(今石石矍村北)登岸,兵屯澄迈县澄江、大胜岭(今颜春岭)、石石矍、琼山新坡等地。隋开皇十一年(591 年),朝廷册封已故冯宝为谯国公,冼夫人被封为谯国夫人。隋朝仁寿元年(601 年),冼夫人奉诏来琼,隋文帝为表彰冼夫人安抚岭南、归顺朝廷之功,特赐临振县(今海南省三亚市)1 500 户给冼夫人作汤沐邑。隋仁寿二年(602 年),冼夫人巡视海南时,在今澄迈石石矍村逝世,谥成敬夫人,安葬于澄迈石石矍村附近的富昌坡,由冯宝子孙在仙逝之地搭舍居守其墓。唐代,冯宝与冼夫人后裔冯智戴自崖州移居其地,石石矍村渐成村落。

冯宝与冼夫人的第 35 世孙。冯进勇于南宋建炎年间(1127—1130 年)奉命握兵南征,平定岭南,连任定南知寨;绍兴元年(1131 年),冯进勇立籍于澄迈县恭贵乡封平都一图四角井村(即石石矍村)。由于冯宝与冼夫人登岸海南最初是在石石矍村屯兵扎营,又据《海南冯氏族谱》记载,海南省各市县的冯姓宗支绝大部分是从石石矍村迁出的,石石矍村也被称为“冯冼海南第一村”。

2.4.3.2 村落演变

石石矍村于唐代围塘建村,随着冯氏宗族的发展壮大,村庄逐步发展,至清朝末年,石石矍村已初具规模,形成环绕饮马塘的月牙形村落,拥有大小民居 100 余间。在民国时代,由于多年战乱,石石矍村发展处于停滞状态,直到新中国成立后才恢复生机。新中国成立后,石石矍村村庄建设区由湖滨向北、向南和东南三个方向延伸,至今石石矍村已发展成为建设用地超过 13 公顷,户籍人口达 1 475 人的自然村落。

2.4.3.3 历史名人与典故

(1)冼夫人

冼夫人,中国公元六世纪时岭南地区的百越女首领。她于南朝梁武帝天监十一年(512

年)十一月二十四日诞生于高凉(现高州市),卒于隋代仁寿初年(602 年)正月十八日,享年九十周岁。她是中国古代著名的女政治家、军事家和社会活动家。她一生致力于国家的统一和民族的团结,保证了社会的和平稳定,促进了岭南地区的经济发展,被隋文帝封为谯国夫人,官阶一品,历代朝廷也对她进行了多次追封。据史书和有关文献记载,冼夫人至少到过海南五次。

在海南期间,冼夫人不仅设置了崖州,恢复了与中原的联系,促进了民族团结和融合,还多次平定匪贼叛兵,使百姓安居乐业。她从内地组织移民开发海南,带来了中原先进的生产技术,如推行牛耕、兴修水利、选种施肥等,还无偿地向农民提供种苗、种子,又设法向人民传授纺织、制衣技术。她与丈夫冯宝在海南办学兴教,把医疗知识传授给人民,深受百姓爱戴,成为海南当时俚人的民族英雄和精神领袖。

新中国成立后,党和国家最高领导人对冼夫人给予很高的评价,周恩来总理在一次民族工作座谈会上,称冼夫人为"中国巾帼英雄第一人";2000 年 2 月 20 日,江泽民总书记视察高州冼太庙时,对冼夫人也作了很高的评价,说:"当年冼夫人力排阻力,不搞分裂,坚持维护国家统一,增强民族团结,让岭南人民安居乐业,其功不可没,至今她仍为我辈及后人永远学习的楷模。"

(2)冯宝

字君珍,号元善(一说字柱石,号廷臣),北燕皇族后裔。约生于梁天监六年丁亥(公元507 年),自曾祖父冯业浮海归宋,到祖父、父亲三代均为朝廷命官。父亲冯融是梁罗州刺史,冯公自小耳濡目染,受儒家思想熏陶,受孔孟礼教的影响,养成善良的君子品行,自小勤奋好学,青年时又被送到京城建康太学读书,交游很广,二十岁左右就考取了功名,被梁朝廷委任为高凉郡太守。冯宝青年得志,风流倜傥,本可以娶汉族名门闺秀为妻,但身为罗州刺史的冯融深知自己是北方南下的汉官,要在俚僚等少数民族占优势的高凉地区站稳脚跟、推行政令,不团结、仅依靠当地的豪强大姓是行不通的,于是冯融高瞻远瞩,打破传统偏见,说服儿子取俚人大首领冼氏女为妻,开创汉俚联婚的先河。

冯冼联婚后,冯宝作为一郡的行政长官,除了继续治理好高凉郡外,还抽空给俚人办理词讼、教民耕织,传播汉人先进的生产技术,用铁器农具代替落后的刀耕火种,帮助人民兴修水利,用牛耕田,还在高凉郡内开办士林学馆,吸收俚人子弟入学读书,冯宝还亲自开坛讲学,向俚人传授汉人的先进文化,如今民间还流传有"冯公指令读书诗"的词句。

公元 540—541 年,向朝廷请命"置崖州"获准后,冯宝随冼夫人受命来海南巡察并平定叛乱,于今石石曍村北登陆海南,并在石石曍村屯兵扎营。唐代,冯宝与冼夫人后裔冯智戴自崖州移居其地,石石曍村渐成村落。

(3)冯智戴

冼夫人曾孙。唐代自崖州移居澄迈石石曍村,因住地秀石之响声土语称"石曍",村庄因此而得名。

(4)冯进勇

又名冯镇,是冯宝和冼夫人的第三十五世孙,于南宋建炎年间(1127—1130 年)奉命握兵南征,平定岭南,连任定南知寨;绍兴元年(1131 年),冯进勇立籍于澄迈县恭贵乡封平都,村名沿用石石矍村。

2.4.4　村庄特色文化价值

2.4.4.1　历史价值

　　石石矍古村始建于唐代,历史已超过1 400年,村内现存传统建筑大多修建于明清年代,距今已有近300年历史。其中,保存较好的将军第(冯氏大宗祠)始建于隋唐年代,距今超过1 400年。目前村内拥有"文林冯公祠""将军第""夏阳候庙"三处县级文物保护单位,并有3处尚未核定公布为文物保护单位的登记不可移动文物。其中,将军第(冯氏大宗祠)始建于公元609年,文林冯公祠始建于明弘治十三年(1550年),夏阳候庙始建于清代。石石矍村传统建筑集中连片分布,村中有火山岩古民居230余间,共计26 630平方米,保存情况基本完好。村落典雅、古朴,大部分传统建筑主体完整,院落多为独立院落式类型,部分建筑为海南典型的"十柱"式结构平房,石头为火山石,木材有杉木、菠萝蜜格板等,是澄迈县乃至海南省具有代表性的火山岩传统民居建筑群。同时古村内有15条由火山岩铺成的石板路,串联村内火山岩传统民居,纵横交错,形成独特的梳状路网格局。

　　石石矍村是南梁冯宝冼夫人渡琼置州登岸之地,是冯氏先祖最初居住之村,亦是冼夫人最后留步之处,有"冯氏海南第一村"之称号。冼夫人是中国古代著名的女政治家、军事家和社会活动家,一生致力于维护祖国统一,主张民族团结,传播中原文化,改革旧风陋俗,对促进海南社会与经济、文化的发展作出巨大贡献。

2.4.4.2　文化价值

　　石石矍村的核心古建筑群集中在饮马湖周边,建筑保留着中华民居传统的木石结构,与周围环境融合为一体;古树、古井和祠堂位于湖边与村落当中。在村中的纵向小巷道几乎全部铺上了火山岩,狭长而幽深。村落整体风貌完成,保留了明清年代海南传统火山岩民居群落的全部特征。古村落核心区古建筑群共计26 630平方米,占据规划区建筑总面积的66%,传统建筑基本维持着明清年代的建筑风格和布局。

　　目前,石石矍村传统民居和建筑群内仍居住有大量村民,全部为石石矍村原住民,保留了传统的农耕与生活方式;由于石石矍村冯氏宗族文化的延续使得石石矍村的生命力持久而有活力,海南乡村习俗和朴素的生活传统也得以传承和发扬。同时,石石矍村作为海南冯氏的发祥地,建村以来一直延续着纪念冼夫人的风俗与传统,是海南冼夫人文化的核心之一;村内的文化遗存是冼夫人文化的最重要源头,是海南民居建筑的典范,也是社会主义精神文明教育的基地。同时,由冯氏后人自发开展的研究冯冼文化、纪念先人的活动自此散播至海南岛各地,充分体现了石石矍村对先祖的缅怀与崇敬之情。

2.4.4.3　科学价值

　　石石矍村临湖而建,村落内建筑群和巷道均沿饮马湖向东、北方向辐射状延伸,利于雨季排水,这对研究古代村落选址与建筑布局中趋利避害的原则与方法具有极高的科学价值;同时,石石矍村的发展过程是一部宗族建村与发展史,为研究海南地区宗族文化的传承与发扬提供了历史佐证,对文化人类学与历史学的研究具有重要的科学研究价值。

2.4.4.4 艺术价值

石石矍村村落选址于饮马湖北、东岸,多形成坐北朝南、临水望田的景观格局,极具特色;村内院落布局统一而富有变化,院子布局以正房为核心,多形成独立院落式格局,并有东西偏房相衬;建筑简洁的外形独具特色,是琼北古代火山岩民居建筑群的代表;主要传统建筑多为木石结构,建筑屋顶多为硬山式风格,其内部结构多为抬梁式构架;民居建筑又不乏木雕、彩画、灰塑等工艺纯熟、内涵深刻的装饰,体现出较高的艺术水平,具有很高的艺术价值。

2.4.4.5 社会价值

传统文化的天人合一和伦理观念关系到人与人、人与自然的和谐,这种传统文化在石石矍村表现得淋漓尽致。与现代社会“原子化”的社会关系不同,在村落中,人与人之间形成了紧密的社会联系,它主要体现在同宗同源的血浓于水、和谐互助的友邻关系,以及人与人“德业相劝、过失相规、礼俗相突、患难相恤”的传统道德准则上。石石矍村作为中国朴素社会风尚与价值观的具体代表,其传统与风尚的弘扬具有重要的社会意义。

2.4.4.6 经济价值

石石矍村古村街巷格局典型,村内建筑遗产、历史文化遗迹分布集中、颇具规模、风貌较好,周边历史文化资源丰富。古村由唐代经过千年演替至今,保留着众多的历史遗迹,宗族文化底蕴深厚,更是海南地区冯氏文化与洗夫人文化的摇篮。石石矍村保留了古村落选址、火山岩建筑形制、聚落结构、建筑雕刻等方面大量的历史信息,对研究古代琼北地区的经济文化、民俗风情具有极高的历史价值、文化价值、科学价值与艺术价值,其保护与发展对于弘扬中国传统文化与社会价值观,推动村落经济发展具有重要意义。

2.4.4.7 物质文化遗产特色与价值

(1)军坡节

石石矍村现有的非物质文化遗产主要为军坡节,军坡节是海南琼北地区尤其是澄迈县域内的重要民俗活动。民间也称为闹军坡、发军坡、吃军坡等,也叫“公期”,是海南汉黎民族敬仰并认同的一种地域文化,是中华文明的组成部分,是汉黎民族共融互促构成和谐社会的典范,主要是纪念民族英雄洗夫人。

在澄迈县,军坡节起到融合地域、民族文化和各种宗教信仰的作用,留下了民间故事、雕塑、戏曲、音乐、舞蹈、建筑等各种各样的民间艺术形式和重要的历史符号信息,其中的洗夫人信俗、花瑰(木雕)、琼剧已成为国家级保护项目,依俗发展起来的八音、盅盘舞、障板屋等文化形式至今流传不息,大量样式丰富的神庙建筑散布在全县各地。

军坡节是海南汉黎民族敬仰并认同的一种地域文化,是中华文明的组成部分,是汉黎民族共融互促构成和谐社会的典范,是海南民族融合过程中移民文化根渊的存储器与群众的乌托邦精神家园的储灵柩。在澄迈,军坡节起到融合地域、民族文化和各种宗教信仰的作用,留下了民间故事、雕塑、戏曲、音乐、舞蹈、建筑等各种各样的民间艺术形式和重要的历史符号信息。由于“军坡节”所信奉的“公”是社区性的,军坡节也构架起了澄迈民间和谐的人际关系和家园生态。

(2)洗夫人纪念日

农历二月十二为洗夫人纪念日。为了纪念洗夫人一生致力于维护祖国统一,主张民族团结,传播中原文化,改革旧风陋俗,对促进海南社会与经济、文化的发展作出的贡献,每年春节农历初十至十二,石石矍村将举行盛大的纪念洗夫人的文化节活动,开展丰富多彩的文娱体育农家乐活动。古典祭祀仪式、装军游行颇具洗夫人文化和海南地方特色。每天下午两点整,在锣鼓喧天、鞭炮齐鸣中按当年军队兵勇编排举行出师仪式,最后还舞龙、舞狮、舞鹿和踩高跷。晚上,亲朋好友汇聚一堂,畅怀痛饮,带着满怀醉意通宵达旦地观看琼剧演出。此外,由村民自发组成澄迈冯洗文化学会,致力于研究和推广自洗夫人文化,出版了《洗夫人与冯氏海南第一村》、连环画《洗夫人》,开办了"洗夫人生平功绩展馆""洗夫人颂——诗联书法展馆"。

2.4.5　村庄发展潜力分析

(1)资源优势

石石矍村地处于平原区域,辖区范围内地势平坦,土地肥沃,适宜耕作,现已形成较大的粮食、反季节瓜菜和果蔬种植地;水利资源也较丰富,含有三个水库,以作农田的灌溉。

(2)交通优势

现有水泥公路与老城镇相连,随着老城镇的发展与扩张,将来石石矍村与县城的空间距离将更加趋于缩短。较好的区位条件与较为便利的交通条件使石石矍村在产业发展上具有一定的优势,通过县城这一交易与流通平台,村庄的所出所产能更加便捷地注入各级市场。同时,通过在县城兴办能为村民提供多元的就业途径,促进农民多渠道增收。

(3)历史文化优势

石石矍村环境优美,古村落格局和火山岩古建筑均保存较为完好,并拥有多处文物遗迹。其中,文林冯公祠为省级文物保护单位,将军第、夏阳候庙为县级文物保护单位,并有 3 处尚未核定公布为文物保护单位的登记不可移动文物。

①展示利用内容。展示石石矍村传统村落的社会、文化、经济、建筑,展示其兴起、繁荣的状况,展示历史上的重大事件。展示石石矍村的建筑遗产,包括选址布局、宗祠建筑、火山岩传统建筑与院落、古井、古树及建筑装饰文化。展示冯氏家族的发展历史及其曾经取得的成就,展示冯宝与洗夫人的历史典故,宣扬洗夫人的爱国精神。展示古村落的生活习俗、民间文化。展示石石矍村及其周边的风土特产和民间手工艺。展示石石矍村的宗教文化和庙会文化(军坡节)。

②传统村落展示功能分区。依据古村落历史文化遗产分布和保护发展规划要求,将石石矍村分为以下展示功能分区。

历史文化展示区:主要集中于饮马湖东北岸,是火山岩历史建筑分布密集、保存完好,街巷风貌优美的片区,重点展示石石矍村火山岩传统建筑的特色、街巷格局,以及古井、古榕树等名胜古迹,向游客展现石石矍村村民的智慧积淀。

宗庙祠堂展示区:位于石石矍村西部,包括文林冯公祠、广文第、将军第(冯氏大宗祠)、夏阳侯庙等文物与名胜古迹。

旅游服务接待区:位于石石矍村中央、饮马湖西北郊,是集中为游客提供接待服务的功能分区。

娱乐文化展示区:位于石石矍村西部,宗庙祠堂展示区以南;结合戏台广场构建文化娱乐活动场所,展现石石矍村的特色民间文化、节庆活动和庙会活动等非物质文化遗产。

自然生态展示区:主要集中于饮马湖周边,展现石石矍村独特的山水格局,并为游客提供绿色空间。

③展示路线组织。为了体现石石矍村的自然山水格局、深厚文化内涵与历史文化特色,规划游线以沿湖主要巷道为轴线,形成向北逐步展开的扇形梳状游线体系。

湖滨风光路线:环绕饮马湖,串联文林冯公祠、广文第、将军第(冯氏大宗祠)、夏阳侯庙等文物与名胜古迹。

火山岩历史建筑路线:由沿湖主要巷道向东北部延伸的多条小巷。

非物质文化展示路线:结合湖滨风光路线展示石石矍村风土人情、节日节庆、传统手工艺制作和宗族品德风尚等非物质文化遗产。

第3章　火山岩民居建筑保护与利用

澄迈县火山岩古村落的保护是指在保护的基础上开发文化旅游，充分利用火山岩民居建筑，推动旅游项目。

3.1　做好规划，为保护传统村落服务

澄迈县为加强火山岩传统村落的保护工作，以保护文化遗产、改善基础设施和公共环境为重点，打造国家历史文化名村。一是住建局、文体局、财政局联合制定《澄迈县传统村落保护整体实施方案》，明确核心片区传统村落的村民拆建房屋要报当地镇政府、文化部门、住建部门等审批和备案。二是聘请了社科院城乡规划院的11名专家，指导澄迈县建立了传统村落群档案，编制了《澄迈县传统村落保护与利用规划》《火山岩古村落群申遗规划》《中国历史文化名村保护规划》《罗驿村古建筑保护规划方案》等。通过政府主导，把保护传统村落列入发展规划，制定传统村落保护条例，以法律形式确定传统村落的保护和开发利用。

3.2　积极开发与利用

从2013年开始，澄迈县将古村落群保护和修复工作纳入"美丽乡村"建设规划，集中连片整治修复。大丰村琼北古商镇修葺工程投入1 388万元，对封平约亭、大丰老街等进行修复；省文体厅支持近500多万元，扩建美榔双塔交通道路、大丰封平约亭及罗驿村古驿道；罗驿村投入1 000万元修复120间火山岩老屋，2017年继续投入400万元进行火山岩村巷和污水治理；2016年，入选第三批中国传统村落名录的9个村，每个村投入300万元进行村落景观提升和污水治理；2018年，入选第四批中国传统村落名录的6个村，每个村投入300万元进行村落景观提升和污水治理。同时充分利用传统村落自身的历史文化积淀和自然山水风光，形成了不少亮点，如美榔村借"美榔双塔"的金名片发展，罗驿村以其深厚的历史文化底蕴吸引众多游客参观等。

3.3　实施"文物＋旅游"开发项目

2023—2025年澄迈县结合海南省"文物＋旅游"三年行动项目、澄迈县实施乡村振兴战略目标，开展实施传统村落旅游开发建设和濒危文物发掘保护工程。主要项目有以下几种。

（1）实施一批文物保护示范工程

抢救一批濒危文物保护单位，推出一批具有影响力的文化创意产品，打造一批具有海南

文化特色的文物旅游景点和旅游品牌。

①实施琼北古代商镇修葺保护工程,进一步将古代商街的保护与利用项目开发成为历史性古建筑群的观瞻。以商街特色为基础建设成为旅游观光项目场所,形成文物保护利用与旅游文化经营相结合的大型综合文化旅游项目。

②实施澄迈县美榔双塔保护利用设施建设工程,提高美榔双塔保护管理力度,结合古村落文化特色提升美榔双塔周边旅游景观环境。

③实施陈道叙周氏墓、灵照墓修缮工程,修缮文物本体的同时结合旅游治理理念,改造、提升文物周边环境景观建设及氛围。

④开展美榔双塔文物本体养护维护工程,对美榔双塔进行石质文物表面病害处理、文物本体保养维护等修缮措施。

⑤实施美榔双塔数字化保护与展示提升工程,对现有美榔双塔博物馆展示系统进行改造升级,利用数字化成果进行文物建筑"互联网＋展示",丰富文物建筑数字化科普展示内容与形式。将基于 Web 的三维虚拟展示平台的展示内容实体化输出,成为互联网推广的重要内容之一。以文创产品作为重要宣传工具和推广产品,积极扩大以美榔双塔为核心内容的旅游宣传科普教育范围,提升社会大众对美榔双塔以及美榔村的关注度与参与度。

⑥实施澄迈学宫文化活动与旅游资源开发项目,利用澄迈学宫开展系列文化艺术公益活动,提升文化艺术素养,教化伦理道德、传播传统文化和传承非物质遗产。通过开展国学知识讲坛、艺术讲坛、传统国学培训班、艺术培训班、文化艺术展示交流以及非遗传承培训等一系列的公益活动,进一步发扬澄迈县文化艺术特色,打造澄迈县文化艺术形象。

⑦开展谭昌村谭昌学堂修缮工程,包括学堂文物本体整修、复原、防护加固及病害处理,保护和合理开发利用谭昌学堂资源,整合谭昌村周边文化遗产资源,融入周边中国传统村落石矍村旅游开发项目——冼夫人文化主题公园,进行整体文化旅游开发建设。

⑧开展倘村吴景辉故居、登第坊修缮保护工程,开展文物本体修复、防护及加固工作;整治周边环境,保护和合理开发利用,整合倘村周边文化遗产资源,将周边罗驿村、好用村旅游开发项目融合进来,共同开展文化旅游开发。

⑨开展实施罗驿村李氏宗祠修缮工程。经修缮、防护、加固及周边环境整治治理工作后,保护和合理开发循环利用,并将其纳入罗驿村整体旅游开发项目,进行文化旅游开发。

⑩开展中国传统村落美榔村保护利用工程(美榔村旅游景区开发项目),依托美榔双塔品牌效应带动美榔村,以美榔村为品牌带动周边火山岩风貌的中国传统村落(民居群均为省级文物保护单位)共同发展;以美榔双塔博物馆为中心,对文物展示利用系统进行升级改造,通过多样化的展示手段和强互动性的展示内容,吸引广大群众参观学习,为村民和游客呈现文物保护和研究的成果,充分发挥文物的社会文化教育价值,提高文物保护意识;结合村落旅游发展,设立古村落旅游展示及文物活化利用区、旅游服务区、艺术工作室区、民宿体验区。引入艺术界、高校等艺术家和文化传承人士驻村,通过发展文创旅游艺术产业来激活古村落的知名度;通过传统民居活化利用建设可供游客参与体验的民宿区,带动古村落旅游产业和助力乡村振兴,全面打造具有澄迈火山岩文化特色的文物旅游景点和旅游品牌。

⑪开展中国传统村落石石矍村保护利用项目(石石矍村旅游开发项目——冼夫人文化

主题公园建设项目),以石石罂村现有火山岩古建筑群——文林冯公祠、将军第(冯氏大宗祠)等文物资源为依托,围绕冼夫人文化主题公园、冼夫人纪念馆、文林冯公祠、大宗祠、大树堂、广文第几个宗祠建筑群、火山岩古民居、冼夫人墓、冼夫人文化节(军坡、公期、冼夫人信俗)、国家级非遗项目冼夫人信俗的展演等特色资源,打造特色鲜明、历史厚重、内涵丰富、中外游人向往的冼夫人主题文化旅游景区,使静态的资源活起来,实现资源优势到产业优势的转变。

⑫开展中国传统村落罗驿村保护利用工程(罗驿村古村落旅游开发项目),通过引入国内实力雄厚的企业,实施罗驿村古建筑保护利用及整体旅游开发。(已有企业进入,并完成旅游规划方案,上报县投资委)。

⑬开展罗驿村民俗文化馆展示利用。根据《罗驿村古村落旅游发展规划》,由罗驿村整体开发旅游项目的企业对罗驿村民俗文化馆(李氏宗祠、千户侯庙)进行升级改造。

(2)积极呼吁和引导社会力量

通过捐资捐赠、投资、入股、租赁等方式参与传统村落的保护和发展工作。依托15个中国传统村落和丰富的历史文化遗产资源,结合"美丽海南百镇千村""美丽乡村"建设和"乡村振兴"战略,统筹挖掘整合县内的历史文化和特色旅游资源。探索通过企业入股、租赁等方式,建立传统建筑认领保护制度,引导大企业投资进驻,以特色产业入股、租赁导入,扶持火山岩古村落旅游产业链,形成三四个具有示范性、带动作用强的文创艺术产业基地、创客基地,争取成为海南自由贸易港建设和新时代中国特色社会主义实践的地方范例。

(3)实施非物质文化遗产保护与振兴传统手工艺工程

通过每年举办全县传统工艺创客示范基地和创客明星评比,推动传统工艺品的创新设计开发。在旅游点和代表性古村落,设立传统工艺产品的展示展销场所,展示、宣传和推介澄迈县传统工艺产品,推动传统工艺与旅游市场的有效结合。鼓励通过网络销售平台进行传统工艺产品的推广和销售。加强传统行业组织建设,鼓励成立传统工艺行业组织,规范行业行为,建立行业标准,提供信息发布、权益维护等服务。鼓励有关高校、研究机构、企业等参与探索澄迈县手工技艺与现代科技、工艺装备的有机融合,加强成果转化。

第4章 海南火山岩民居建筑调查表

本书调查了十处澄迈县境内火山岩民居建筑、古村落，从建筑的形态结构、建筑布局、自然环境、保护利用、人文历史等多方面做详细调研，并做列表式记录。下附大丰镇大丰村和老城镇马村的民居建筑调查表。

4.1 大丰镇大丰村调查

4.1.1 村落概况

大丰镇大丰村落概况调查表，如表 4.1 所示。

表 4.1　村落概况表

村落名称	海南省　　　澄迈 县(省直辖县级行政单位)		大丰 镇(乡)　　大丰 村	
村落属性	□行政村　☑自然村	村落形成年代	☑元代以前　□明代 □清代　　　□民国时期 □新中国成立以后	
地理信息	经度:110.046177° 纬度:19.911474° 海拔:24.6m	地形地貌特征	□高原　　□山地 ☑平原　□丘陵　□河网地区	
村域面积	8　平方千米	村庄占地面积	250　　亩	
户籍人口	524　　人	常住人口	463　　人	
村集体年收入	15　　万元	村民人均年收入	8 500　元	
主要民族	汉　族	主要产业	养殖业、农业	
村民对传统村落是否了解	□不了解　☑了解 村民了解方式:□村民大会　☑张贴通知　□其他方式:_____			
本行政村是否已有中国传统村落	☑无　　□有：村名:_____			
村落是否列入各级保护或示范名录	传统村落保护名录:　　　□省级　□市级　□县级 列入历史文化名村:　　　□国家级　□省级 列入特色景观旅游名村:　□国家级　□省级 列入少数民族特色村寨试点示范:□是　☑否 其他,请注明名称及由哪一级认定公布:　2017 年,大丰村被列为澄迈县美丽乡村带建设重点村庄			
一句话(10 个字以内)概括村落特点: 古驿道上火山岩群落				

村落简介	地理位置:大丰古街与封平约亭位于澄迈县大丰镇大丰居委会大丰村内,距大丰镇约 8 千米,距古县治(今老城镇,当时当地人称县治)约 10 千米,从环岛西线高速公路大丰出口到大丰村 3 千米。 行政管属:大丰村隶属于大丰镇管辖。 自然条件如下。 1.气候气象:大丰村所属区域为热带季风气候,光照充足,雨量充沛;各月温差不大,气候温和,全年无霜。 2.地形地貌:村域内共有土地面积约为 8 000 多亩,全村地势高低起伏较小,村域内较为平坦。 3.水文条件:大丰村北部有一座小型水库,东与西南还各有一口水塘,水面面积约为 150 亩。整个村庄有水井 3 口(古井 1 口,新井 2 口),原可饮用,因村民已用上了自来水,现多为村妇浣洗之用。 4.土壤:大丰村地处海南岛北部平原,由于沿海地带,强风吹移沙粒,地形地貌蜕变,村域土壤结构较为复杂。 5.植被:村庄掩映在郁郁葱葱的槟榔、橡胶等天然热带植物丛林中;村域内土壤较为丰富,土质肥沃;农业种植主要有橡胶、水稻、热带瓜果种植等。 6.动物:大丰村动物资源分为饲养和野生两类。饲养动物有畜类牛、猪、羊、狗、猫以及禽类鸡、鸭、鹅等;野生动物有野兔、山鸡、啄木鸟、猫头鹰、乌鸦、杜鹃、鹭鸶、白面鸡、燕子、八哥等。 7.自然灾害:影响大丰村农业生产的灾害性天气,主要是"四风"和洪涝。"四风"即台风、清明风、干热风、寒露风;洪涝是指美当湾江在丰水季和台风期间造成的洪涝灾害。 村落面积:村域面积为 8 平方千米;村庄占地面积 250 亩。 村落布局:大丰古街位于村庄北侧,新扩村址多南迁。20 世纪 70 年代以后,古街日趋冷落,南部民居不断增多
	村落宗族、分布、人口、户数: 汉族,讲海南方言,信仰道教,户籍人口 524 人,总户数为 120 多户
	村落产业、村民收入、经济状况: 大丰村是个渔村,村民以种植业和渔业为主,也种植一些粮食及经济作物。其中,经济作物包括橡胶、水稻、热带瓜果等。农业生产技术比较落后,仍以传统畜耕方式为主。少量副业主要为畜禽类喂养,包括鸡、鸭、鹅及鱼等
村落历史	村落迁徙历史: 大丰村为宋代琼州海峡渡海移民登岸落脚点,交通位置重要,后设立驿站,人口集中,形成村落
	村落建村历史过程: 大丰古村落从宋代开始形成,经过上千年的漫长岁月,逐步演变成现在的大丰村
	村落建制变迁史: 大丰村隶属澄迈县大丰镇,根据考证,大丰古村落从宋代开始形成,据明朝 1532 年的《琼州府志》记载,大丰村当时被称为多峰铺。抗日战争时期,日寇在军用地图上将"多峰"标写为"大风",日本驻军平时也经常将多峰称为"大风"。由于"峰""风""丰"三字谐音,后人写成"大丰",且字义不错。集市衰,村庄兴,故而从日寇侵琼至今,多峰市渐渐就演变为"大丰村"了

续表

重要历史事件	据明朝 1532 年的《琼州府志》记载,大丰村当时称为多峰铺。由于自然村庄密集,人口众多,多峰铺的地理位置正好在四周村庄的中间,来往交流买卖的人日益增加,物品需求量渐渐上升,各方商贾和志士仁人及能工巧匠具有前瞻性,看中这块热土,抓住机遇,在多峰铺的基础上谋划建房开铺,逐步扩建成具有几条街道的多峰市。 　　1939 年初,日寇在多峰市南边修筑了碉堡(当地人称之"军部"),派驻屯扎。当时,日寇意识到多峰市位于三角位置,战略地位重要,来往人员多且杂,再加上集贸繁荣,不易管理,可能要威胁到他们的安全,因此,每逢集日,日军在各个路口持枪拦截,不准商贾行客进入多峰市,需做买卖的一律到大亭进行。这样没有多久,多峰市的经营铺店只好关门。从此起,小商贩只好归农,从事农业生产,辛勤劳作,艰辛度日,从而维持生计
掌故轶事	抗日战争时期,日寇在多峰市修碉堡驻扎的兵员中会有会说闽南话的,他们认为多峰不见"峰"。会说闽南语的测绘兵,在军用地图上将"多峰"标写为"大风",日本驻军平时也经常将多峰称为"大风"。由于"峰""风""丰"三字谐音,后人写成"大丰",且字义不错。集市衰,村庄兴,故而从日寇侵琼至今,多峰市渐渐就演变为"大丰村"了

4.1.2　周围环境

大丰镇大丰村周围环境调查表,如表 4.2 所示。

表 4.2　大丰镇大丰村周围环境表

项目	内容
风景名胜	村落周边的风景名胜有火山口公园、富力红树湾红树林湿地保护公园、永庆寺、美榔双塔。 　　海口石山火山群世界地质公园位于海口市西南方的石山镇,距市区仅 15 千米,西线高速公路转绿色长廊可达,绕城高速公路穿过园区;属于地堑-裂谷型基性火山活动地质遗迹,也是中国为数不多的全新世(距今 1 万年)火山喷发活动的休眠山群之一,具有极高的科考、科研、科普和旅游观赏价值;是国家 4A 级景区、世界地质公园、国家地质公园。 　　富力红树湾红树林湿地保护公园,是由富力地产按照国家 AAAA 级标准倾力打造而成的国家级自然保护公园,该园占地 2 200 亩。 　　永庆寺位于海南省澄迈县,盈滨半岛旅游区。永庆寺始建于北宋时期,为古代"澄迈八景"之一,是海南历史上有名的禅林圣地。后经历朝历代不断扩建,形成一定规模。寺院有佛殿三座、东西厢房十多间和山门等建筑物。殿宇分别摆设如来佛、观世音佛及多尊菩萨,为琼北人民禅林圣地。善男信女常临祈祷,香火萦绕不断。其时周围林木茂盛,遮天蔽日,景色秀丽,环境清幽,为古代澄迈县著名八景之一。 　　美榔双塔系元代古塔,俗称"姐妹塔",位于海南省澄迈县美亭乡美榔村东南面。据《正德琼台志》记载,元代人陈道叙有二女,长女出嫁,次女出家为尼。他为了纪念二女而建此塔,一座为平面呈六角形长层,现存六层,是仿木结构阁楼式;美榔双塔是海南现存的为数不多的古塔之一,它不仅为研究海南古代文明发展史和建筑艺术提供了直接依据,而且也具有较大的旅游观赏价值

项目	内容
文物古迹	大丰古街道为省级文物保护单位,位于大丰镇大丰居委会大丰村,呈西北向东南走向,街道由火山石砌成,长 80 米,宽约 3 米,西南侧有民宅 13 间,东北侧有民宅 10 间,大多年久失修无人居住。据文献及碑刻所示,大丰村古代属琼州府澄迈县恭贵乡,因地处交通要道,旧时村庄密集,人口众多,商贸物流繁忙,故称"封平多峰市"。大丰老街的发现,为研究海南古代乡村乡土民情提供了不可多得的实物例证。 封平约亭位于大丰镇大丰居委会大丰村内,始建于清康熙六十一年(1722 年),同治二年(1863 年)重修。封平约亭进深 20 米,面阔 10 米,占地约 200 平方米,一进四合院式布局,坐西北向东南,木石结构,硬山顶,穿斗式梁架,筒板瓦,正脊有龙、鱼及云朵等雕饰。正屋三开间,阔 10 米,深 8 米,前有廊,正屋内有匾一块,上书"觐光扬烈"。院东有一书亭,塔状,石结构,六角形。院内有清代至民国年间石碑 8 通,有捐资助学办法、收税办法等民间及官府一些文书。大门面阔 4 米,进深 5 米,大门内额墙系浑水,有浅浮雕塑,内容是人物、书亭、花卉等,大门外额有额一块,上刻书"封平约亭"。封平约亭是封平都议事的场所,封平约亭的存在对于研究官府所设置的最基层机构、完纳粮税、驿道驿站等有着不可低估的作用;现状保存较好,布局完整,但正屋倾斜漏雨

4.1.3 选址格局

大丰镇大丰村选址格局表,如表 4.3 所示。

表 4.3 大丰镇大丰村选址格局表

项目	内容
村落选址	大丰村原名多峰铺,又叫大风铺等,因几经变更而得今名。大丰村是古澄迈县一处著名的农村集贸地,有许多贸易街道、房屋、商店等,两旁店栈相连紧挨,原貌基本保存。虽街道不多、不宽,但全是青石板铺筑,方便雨天人行。铺区中心,有一约亭,名"封平约亭",是古代乡村政权组织宣示朝廷、官府文告和当地附近村庄商议大事等的重要场所。大丰村面貌今已大变,远非昔日"多峰"可比。村子成倍扩大,新辟村址,村道宽敞,两旁高楼拔地而起,中心广场古榕、彩砖、花圃、假山装饰、点缀,绿源茂盛,别具一格
村落格局	大丰古街位于村庄之北,过去村民建房多以古街为核心,形成一条东西向、两条南北向的古街巷格局,目前仅一条东西向古街保存相对完好,两条南北向街巷多为遗址,随着古街的商业功能逐渐没落,村民新建房屋多以交通条件较好的 040 乡道展开。今古街、新址仅以一村道相隔,形成相对明显的村庄风貌
村落风貌	村庄周边自然资源丰富,植被茂盛,环境优美,村庄传统建筑基本上都是以火山岩石建造的,古民居连片分布,保存较好
建村智慧	大丰村是古澄迈县一处著名的农村集贸地。古街的荣辱与兴衰成为大丰村村庄格局的内在驱动力量。地理位置正好在四周村庄的中间,来往交流买卖的人日益增加,几经变化,成为今天的大丰村。大丰村内的古巷道多为石板铺成,大多数巷道宽度不超过 3 米,狭长而幽深。在纵向布局的石板巷单侧多设置有排水沟,充分展现了大丰村村民的朴素智慧和尊重自然、因地制宜的发展理念

4.1.4　传统建筑

大丰镇大丰村的传统建筑总表,如表 4.4 所示。

表 4.4　大丰镇大丰村传统建筑总表

	编号	建筑名称	保护级别
基本信息	JZ—001	传统建筑分布图	
	JZ—002	封平约亭	省级文物保护单位
	JZ—003	王英权宅	
	JZ—004	王革平宅	
	JZ—005	罗和成宅	
	JZ—006	王昌利宅	
	JZ—007	吴清锦宅	
	JZ—008	莫小儿宅	
	JZ—009	曾令教宅	
	JZ—010	罗成裕宅	
	JZ—011	罗长征、罗祥锋宅	
	JZ—012	冯魁平宅	
	JZ—013	符绪新、符绪文宅	
	JZ—014	朱德芳、朱德贵宅	
	JZ—015	陈美銮宅	
	JZ—016	幻化宫	
	JZ—017	吴清忠宅	
	JZ—018	冯开德宅	
	JZ—019	劳英文宅	
	JZ—020	朱锦志宅	
	JZ—021	朱锦坚宅	
	JZ—022	朱明福宅	
	JZ—023	劳清明宅	
	JZ—024	劳英吉宅	
	JZ—025	劳英宝宅	
	JZ—026	冼开东宅	
	JZ—027	罗始海宅	
	JZ—028	王应胜宅	
	JZ—029	罗新成宅	
	JZ—030	王胜利宅	
	JZ—031	罗成裕宅 2	
注:JZ—001 为分布图编号,各栋建筑编号从 JZ—002 开始。建筑名称与后续建筑表一致。以院落的形式存在的,可以院落为单位编号、填表、提交资料			

传统建筑分布情况简介	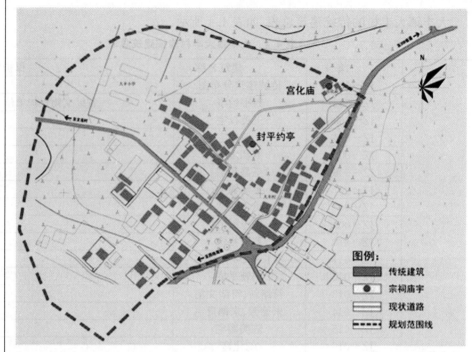
	大丰村传统建筑以封平约亭为中心的面状布置,主要集中在村落北部,整齐有序,风格统一

重要传统建筑及图照表,如表 4.5 所示。

表 4-5　重要传统建筑及图照表(每栋建筑一个表)

权属信息	编号	JZ-002	
	产权归属	个人　　☑集体　　□政府 (如归个人,需填写以下其他家庭信息)	
	户主姓名	户籍人口	常住人口
	始建时间	□元代以前　□明代　☑清代　□民国时期　□新中国成立以后	
	建筑是否列入各级保护名录	如是,请注明:省级文物保护单位	
	保护状况	□保护状况良好　☑保护状况一般　□保护状况差、损毁严重	
	是否列入农村危房改造范围	□是　☑否	
	利用状况	□闲置　□居住　☑利用,用途:　文物	
	总占地面积	200 平方米　　建筑面积	82 平方米
	建筑层数	1 层　　房屋间数	3 间

续表

建筑概述	封平约亭坐北朝南,由封平约亭正屋、南向院落、院门组成,正屋三开间,院子东南侧有一书亭。院有清代至民国年间的石碑 8 通。大门外额有额一块,上刻书"封平约亭"。整个建筑中轴对称,院墙采用灰色火山岩,院门和封平约亭用橙色面砖,其上为灰色瓦片的硬山坡屋顶。山墙墙头和屋脊处均有花、龙、回纹图案等象征吉祥的彩色装饰,满足了在力的传导处达到美的要求
建筑图照	建筑的鸟瞰、正面、侧面、背面、室内、重要装饰等照片如下图所示  **封平约亭鸟瞰图　　2017 年 10 月 23 日**  **封平约亭背面图　　　2017 年 10 月 23 日**

建筑图照

封平约亭正面图　　2017 年 10 月 23 日

封平约亭侧面图一　　2017 年 10 月 23 日

封平约亭侧面图二　　2017 年 10 月 23 日

续表

建筑图照	 封平约亭室内图　　2017 年 10 月 23 日  封平约亭重要装饰图　　2017 年 10 月 23 日
重要的 改建历史	清同治二年(1863 年)重新修葺。2015 年重新修缮,修缮了屋面、壁画

权属信息	编号	JZ—003				
	产权归属	☑个人　　□集体　　□政府 (如归个人,需填写以下其他家庭信息)				
	户主姓名	王英权	户籍人口	6	常住人口	0
	始建时间	□元代以前　　□明代　☑清代　□民国时期　□新中国成立以后				
	建筑是否列入各级 保护名录	如是,请注明:_____				
	保护状况	□保护状况良好　☑保护状况一般　□保护状况差、损毁严重				
	是否列入农村危房 改造范围	□是　☑否				
	利用状况	☑闲置　□居住　□利用,用途:_____				
	总占地面积	247 平方米	建筑面积		247 平方米	
	建筑层数	__1层__	房屋间数		6　间	

建筑概述	建筑平面呈矩形,由三座民居组成。每座均采用清代时期灰色火山岩和灰色瓦片作为建筑材料,共一层,为硬山顶,但屋顶损毁严重。每座建筑推测中部为厅,两侧有房间,可根据需要将房间进行前后分隔,从而由"两房一厅"变为"四房一厅"
建筑图照	建筑的正面、侧面、背面等如下图所示  王英权宅正面图　2017 年 10 月 23 日  王英权宅侧面图　2017 年 10 月 23 日  王英权宅背面图　2017 年 10 月 23 日

	编号	JZ—004				
权属信息	产权归属	☑个人　　　□集体　　　□政府 （如归个人，需填写以下其他家庭信息）				
	户主姓名	王革平	户籍人口	7	常住人口	0
	始建时间	□元代以前　□明代　☑清代　□民国时期　□新中国成立以后				
	建筑是否列入各级 保护名录	如是，请注明：＿＿＿＿＿＿＿＿＿＿＿＿＿＿＿				
	保护状况	□保护状况良好　☑保护状况一般　□保护状况差、损毁严重				
	是否列入农村危房 改造范围	□是　☑否				
	利用状况	☑闲置　□居住　□利用，用途：＿＿＿＿＿				
	总占地面积	52平方米	建筑面积		52平方米	
	建筑层数	1层	房屋间数		2　间	
建筑概述	建筑平面呈矩形，与其他民居并排而建。采用清代时期灰色火山岩和灰色瓦片作为建筑材料，共一层，为硬山顶。整个建筑由一个大空间组成，可根据需要进行自由划分					
建筑图照	建筑的鸟瞰、正面、侧面、背面等照片如下图所示。  王革平宅鸟瞰图　　　2017 年 10 月 23 日					

建筑图照

王革平宅正面图　　　2017 年 10 月 23 日

王革平宅侧面图　　　2017 年 10 月 23 日

王革平宅背面图　　　2017 年 10 月 23 日

权属信息	编号	JZ—005			
	产权归属	☑个人　　　□集体　　　□政府 （如归个人，需填写以下其他家庭信息）			
	户主姓名	罗和成	户籍人口	11	常住人口　6
	始建时间	□元代以前　□明代　☑清代　□民国时期　□新中国成立以后			
	建筑是否列入各级 保护名录	如是，请注明：＿＿＿＿＿＿＿＿＿＿＿＿＿＿＿＿＿＿＿			
	保护状况	□保护状况良好　☑保护状况一般　□保护状况差、损毁严重			
	是否列入农村危房 改造范围	□是　☑否			
	利用状况	□闲置　☑居住　□利用，用途：＿＿＿＿＿＿			
	总占地面积	41 平方米	建筑面积	41 平方米	
	建筑层数	1 层	房屋间数	1 间	
建筑概述		建筑平面呈矩形，与其他民居并排而建。采用清代时期灰色火山岩作为建筑材料，共一层，屋顶已损毁。整个建筑由一个大空间组成，可根据需要进行自由划分			
建筑图照		建筑的鸟瞰、正面、侧面等照片如下图所示。  **罗和成宅鸟瞰图　　2017 年 10 月 23 日**			

续表

建筑图照	 罗和成宅正面图　　2017 年 10 月 23 日  罗和成宅侧面图　　2017 年 10 月 23 日

权属信息	编号	JZ—006			
	产权归属	☑个人　　□集体　　□政府 （如归个人，需填写以下其他家庭信息）			
	户主姓名	王昌利	户籍人口　11	常住人口	0
	始建时间	□元代以前　□明代　☑清代　□民国时期　□新中国成立以后			
	建筑是否列入各级 保护名录	如是，请注明：			
	保护状况	□保护状况良好　☑保护状况一般　□保护状况差、损毁严重			
	是否列入农村危房 改造范围	□是　☑否			
	利用状况	☑闲置　□居住　□利用，用途：_____			
	总占地面积	42 平方米	建筑面积	42 平方米	
	建筑层数	1 层	房屋间数	1 间	

建筑概述	建筑平面呈矩形,与其他民居并排而建。采用清代时期灰色火山岩和灰色瓦片作为建筑材料,共一层,为硬山顶。整个建筑由一个大空间组成,可根据需要进行自由划分
建筑图照	建筑的鸟瞰、侧面等照片如下图所示  王昌利宅侧面图　　2017 年 10 月 23 日  王昌利宅鸟瞰图　　2017 年 10 月 23 日

权属信息	编号	JZ-007			
	产权归属	☑个人　　□集体　　□政府 （如归个人，需填写以下其他家庭信息）			
	户主姓名	吴清锦	户籍人口	12	常住人口	0
	始建时间	□元代以前　□明代　☑清代　□民国时期　□新中国成立以后			
	建筑是否列入 各级保护名录	如是，请注明：_____			
	保护状况	□保护状况良好　☑保护状况一般　□保护状况差、损毁严重			
	是否列入农村 危房改造范围	□是　☑否			
	利用状况	☑闲置　□居住　□利用，用途：_____			
	总占地面积	42平方米	建筑面积	42平方米	
	建筑层数	1层	房屋间数	1间	
建筑概述	建筑平面呈矩形，与其他民居并排而建。采用清代时期灰色火山岩和灰色瓦片作为建筑材料，共一层，为硬山顶。整个建筑由一个大空间组成，可根据需要进行自由划分				
建筑图照	建筑的鸟瞰、侧面、室内等照片如下图所示  **吴清锦宅室内图　　2017年10月23日**  **吴清锦宅鸟瞰图　　2017年10月23日**				

续表

吴清锦宅侧面图　　　2017 年 10 月 23 日

权属信息	编号	JZ—008			
	产权归属	☑个人　　□集体　　□政府 （如归个人,需填写以下其他家庭信息）			
	户主姓名	莫小儿	户籍人口	1	常住人口	0
	始建时间	□元代以前　□明代　☑清代　□民国时期　□新中国成立以后			
	建筑是否列入 各级保护名录	如是,请注明：＿＿＿＿＿＿＿＿＿＿＿＿＿＿＿＿＿			
	保护状况	□保护状况良好　☑保护状况一般　□保护状况差、损毁严重			
	是否列入农村 危房改造范围	□是　☑否			
	利用状况	☑闲置　□居住　□利用,用途：＿＿＿＿＿＿			
	总占地面积	52 平方米	建筑面积	52 平方米
	建筑层数	1 层	房屋间数	1 间

建筑概述	建筑平面呈矩形,与其他民居并排而建。采用清代时期灰色火山岩和灰色瓦片作为建筑材料,共一层,为硬山顶。整个建筑由一个大空间组成,可根据需要进行自由划分

建筑图照	建筑的鸟瞰、正面等照片如下图所示

莫小儿宅正面图　　　2017 年 10 月 23 日

建筑图照	 莫小儿宅鸟瞰图　　2017 年 10 月 23 日

权属信息	编号	JZ—009			
	产权归属	☑个人　　　□集体　　　□政府 （如归个人，需填写以下其他家庭信息）			
	户主姓名	曾令教	户籍人口	9	常住人口	4
	始建时间	□元代以前　□明代　☑清代　□民国时期　□新中国成立以后			
	建筑是否列入 各级保护名录	如是，请注明：_____			
	保护状况	□保护状况良好　☑保护状况一般　□保护状况差、损毁严重			
	是否列入农村 危房改造范围	□是　☑否			
	利用状况	□闲置　☑居住　□利用，用途：_____			
	总占地面积	62 平方米	建筑面积	62 平方米	
	建筑层数	1 层	房屋间数	2　间	
建筑概述	建筑平面呈矩形，与其他民居并排而建。采用清代时期灰色火山岩和灰色瓦片作为建筑材料，共一层，为硬山顶。整个建筑由一个大空间组成，可根据需要进行自由划分				

续表

建筑图照	建筑的鸟瞰照片如下图所示

	曾令教宅鸟瞰图　　2017 年 10 月 23 日

权属信息	编号	JZ—010				
	产权归属	☑个人　　　□集体　　　□政府 （如归个人，需填写以下其他家庭信息）				
	户主姓名	罗成裕	户籍人口	7	常住人口	0
	始建时间	□元代以前　□明代　☑清代　□民国时期　□新中国成立以后				
	建筑是否列入 各级保护名录	如是，请注明：_____				
	保护状况	□保护状况良好　☑保护状况一般　□保护状况差、损毁严重				
	是否列入农村 危房改造范围	□是　☑否				
	利用状况	☑闲置　□居住　□利用，用途：_____				
	总占地面积	104 平方米		建筑面积	104 平方米	
	建筑层数	1 层		房屋间数	2　　间	
建筑概述	建筑平面呈矩形，与其他民居并排而建。采用清代时期灰色火山岩和灰色瓦片作为建筑材料，共一层，为硬山顶。整个建筑由一个大空间组成，可根据需要进行自由划分					

建筑图照	建筑的鸟瞰、正面、侧面、背面、室内、重要装饰等照片如下图所示  罗成裕宅侧面图　　2017 年 10 月 23 日  罗成裕宅正面图一　　2017 年 10 月 23 日  罗成裕宅正面图二　　2017 年 10 月 23 日

权属信息	编号	JZ—011				
	产权归属	☑个人　　□集体　　□政府 （如归个人，需填写以下其他家庭信息）				
	户主姓名	罗长征、罗祥锋	户籍人口	16	常住人口	8
	始建时间	□元代以前　□明代　☑清代　□民国时期　□新中国成立以后				
	建筑是否列入各级保护名录	如是，请注明：＿＿＿＿＿＿＿＿＿＿				
	保护状况	□保护状况良好　☑保护状况一般　□保护状况差、损毁严重				
	是否列入农村危房改造范围	□是　☑否				
	利用状况	□闲置　☑居住　□利用，用途：＿＿＿＿＿				
	总占地面积	64 平方米	建筑面积		64 平方米	
	建筑层数	1 层	房屋间数		1 间	
建筑概述	建筑平面呈矩形，与其他民居并排而建。采用清代时期灰色火山岩和灰色瓦片作为建筑材料，共一层，为硬山顶。整个建筑由一个大空间组成，可根据需要进行自由划分					
建筑图照	建筑的鸟瞰、正面、侧面、背面、室内、重要装饰等照片，如下图所示 					

罗长征、罗祥锋宅正面图　　2017 年 10 月 23 日

建筑图照	
	罗长征、罗祥锋宅侧面图　　2017 年 10 月 23 日

权属信息	编号	JZ—012		
	产权归属	☑个人　　　□集体　　　□政府 （如归个人，需填写以下其他家庭信息）		
	户主姓名	冯魁平	户籍人口　7	常住人口　0
	始建时间	□元代以前　□明代　☑清代　□民国时期　□新中国成立以后		
	建筑是否列入 各级保护名录	如是，请注明：_____		
	保护状况	□保护状况良好　☑保护状况一般　□保护状况差、损毁严重		
	是否列入农村 危房改造范围	□是　☑否		
	利用状况	☑闲置　□居住　□利用，用途：_____		
	总占地面积	52 平方米	建筑面积	52 平方米
	建筑层数	1 层	房屋间数	3 间
建筑概述	建筑平面呈矩形，坐北朝南，前后开门，采用灰色火山岩和灰色瓦片作为建筑材料，共一层，为硬山顶，中部为堂厅，两侧有房间，可根据需要将房间进行前后分隔，从而由"两房一厅"变为"四房一厅"			

建筑图照	建筑的鸟瞰、正面、侧面、背面、室内、重要装饰等照片如下图所示

冯魁平宅鸟瞰图　　2017 年 10 月 23 日

冯魁平宅室内图　　2017 年 10 月 23 日

冯魁平宅侧面图　　2017 年 10 月 23 日

	编号	JZ—014			
权属信息	产权归属	☑个人　　　□集体　　　□政府 （如归个人，需填写以下其他家庭信息）			
	户主姓名	朱德芳、朱德贵	户籍人口	9	常住人口　　0
	始建时间	□元代以前　□明代　☑清代　□民国时期　□新中国成立以后			
	建筑是否列入 各级保护名录	如是，请注明：_____			
	保护状况	□保护状况良好　☑保护状况一般　□保护状况差、损毁严重			
	是否列入农村 危房改造范围	□是　☑否			
	利用状况	☑闲置　□居住　□利用，用途：_____			
	总占地面积	62 平方米	建筑面积		62 平方米
	建筑层数	1 层	房屋间数		3 间
建筑概述		建筑平面呈矩形，与其他民居并排而建。采用清代时期灰色火山岩和灰色瓦片作为建筑材料，共一层，为硬山顶。整个建筑由一个大空间组成，可根据需要进行自由划分			
建筑图照		建筑的正面、侧面、背面等照片如下图所示  朱德芳、朱德贵宅侧面图　　　**2017 年 10 月 23 日**			

建筑图照	 朱德芳、朱德贵宅背面图　　2017 年 10 月 23 日  朱德芳、朱德贵宅正面图　　2017 年 10 月 23 日

权属信息	编号	JZ—015			
	产权归属	☑个人　　　□集体　　　□政府 （如归个人，需填写以下其他家庭信息）			
	户主姓名	陈美銮	户籍人口	9	常住人口	0
	始建时间	□元代以前　□明代　☑清代　□民国时期　□新中国成立以后			
	建筑是否列入 各级保护名录	如是，请注明：＿＿＿＿＿＿＿＿＿＿＿＿＿＿＿			
	保护状况	□保护状况良好　☑保护状况一般　□保护状况差、损毁严重			
	是否列入农村 危房改造范围	□是　☑否			
	利用状况	☑闲置　　□居住　　□利用，用途：＿＿＿＿＿＿			
	总占地面积	42 平方米	建筑面积	42 平方米	
	建筑层数	1 层	房屋间数	3 间	

续表

建筑概述	建筑平面呈矩形，与其他民居并排而建。采用清代时期灰色火山岩和灰色瓦片作为建筑材料，共一层，为硬山顶。整个建筑由一个大空间组成，可根据需要进行自由划分
建筑图照	建筑的正面、室内等照片如下图所示  陈美銮宅正面图　　2017 年 10 月 23 日  陈美銮宅室内图一　　2017 年 10 月 23 日  陈美銮宅室内图二　　2017 年 10 月 23 日

权属信息	编号	JZ—016		
	产权归属	□个人　☑集体　　□政府 （如归个人,需填写以下其他家庭信息）		
	户主姓名		户籍人口	常住人口
	始建时间	□元代以前　□明代　☑清代　□民国时期　□新中国成立以后		
	建筑是否列入 各级保护名录	如是,请注明:＿＿＿＿＿＿＿＿＿＿＿		
	保护状况	□保护状况良好　☑保护状况一般　□保护状况差、损毁严重		
	是否列入农村 危房改造范围	□是　☑否		
	利用状况	□闲置　☑居住　□利用,用途:＿＿＿＿＿		
	总占地面积	311 平方米	建筑面积	247 平方米
	建筑层数	1 层	房屋间数	5 间
建筑概述	幻化宫是当地村民举行祭祀的场所,坐北朝南,因地制宜,整个建筑由一个主屋和两间耳房组成,并设院墙围成一进院落,院门在东侧。主屋用红色面砖装饰,前有柱廊,柱子用黄色面砖,主屋坡屋顶采用黄色琉璃瓦,屋脊处有龙、莲花等吉祥图案。耳房为平屋顶,少有装饰			
建筑图照	建筑的正面、侧面、重要装饰等照片如下图所示 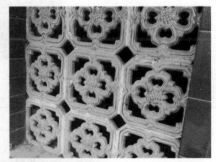 幻化宫重要装饰图　　2017 年 10 月 23 日			

建筑图照	 幻化宫侧面图　　2017 年 10 月 23 日  幻化宫正面图　　2017 年 10 月 23 日

权属信息	编号	JZ—017			
	产权归属	☑个人　　　□集体　　　□政府 （如归个人，需填写以下其他家庭信息）			
	户主姓名	吴清忠	户籍人口	12	常住人口	
	始建时间	□元代以前　□明代　☑清代　□民国时期　□新中国成立以后			
	建筑是否列入 各级保护名录	如是，请注明：＿＿＿＿＿＿＿＿＿＿＿＿＿＿			
	保护状况	□保护状况良好　☑保护状况一般　□保护状况差、损毁严重			
	是否列入农村 危房改造范围	□是　☑否			
	利用状况	☑闲置　　□居住　　□利用，用途：＿＿＿＿＿			
	总占地面积	57.05 平方米	建筑面积	57.05 平方米	
	建筑层数	1 层	房屋间数	3 间	

续表

建筑概述	建筑为一栋一层火山岩民居,朝向坐北朝南,屋顶为硬山顶形式,建筑内分隔为 3 间房间
建筑图照	建筑的正面、背面、室内等照片如下图所示  吴清忠宅室内图　　2017 年 10 月 23 日  吴清忠宅背面图　　2017 年 10 月 23 日  吴清忠宅正面图　　2017 年 10 月 23 日

权属信息	编号	JZ—018				
	产权归属	☑个人　　□集体　　□政府 （如归个人，需填写以下其他家庭信息）				
	户主姓名	冯开德	户籍人口	7	常住人口	0
	始建时间	□元代以前　□明代　☑清代　□民国时期　□新中国成立以后				
	建筑是否列入 各级保护名录	如是，请注明：＿＿＿＿＿＿＿＿＿＿＿＿＿＿＿＿＿				
	保护状况	□保护状况良好　☑保护状况一般　□保护状况差、损毁严重				
	是否列入农村 危房改造范围	□是　☑否				
	利用状况	☑闲置　□居住　□利用，用途：＿＿＿＿＿＿				
	总占地面积	52.54 平方米	建筑面积		52.54 平方米	
	建筑层数	1 层	房屋间数		1 间	
建筑概述	建筑为一栋一层灰色火山岩民居，建筑坐北朝南，屋顶为硬山顶形式，建筑内分隔为1 个大开间					
建筑图照	建筑的正面、侧面、重要装饰等照片如下图所示  冯开德宅重要装饰图　　2017 年 10 月 23 日					

续表

建筑图照	

冯开德宅正面图　　2017 年 10 月 23 日

冯开德宅侧面图　　2017 年 10 月 23 日

权属信息	编号	JZ—020		
	产权归属	☑个人　　□集体　　□政府 (如归个人,需填写以下其他家庭信息)		
	户主姓名	朱锦志	户籍人口　6	常住人口　0
	始建时间	□元代以前　□明代　☑清代　□民国时期　□新中国成立以后		
	建筑是否列入 各级保护名录	如是,请注明:＿＿＿＿＿＿＿＿＿＿＿＿＿＿＿＿＿＿		
	保护状况	□保护状况良好　☑保护状况一般　□保护状况差、损毁严重		
	是否列入农村 危房改造范围	□是　☑否		
	利用状况	☑闲置　□居住　□利用,用途:＿＿＿＿＿＿		
	总占地面积	71 平方米	建筑面积	71 平方米
	建筑层数	1 层	房屋间数	3 间

续表

建筑概述	建筑平面呈矩形,坐南朝北,采用灰色火山岩和灰色瓦片作为建筑材料,共一层,为硬山顶,中部为堂厅,两侧有房间,可根据需要将房间进行前后分隔,从而由"两房一厅"变为"四房一厅"
建筑图照	建筑的正面、侧面等照片如下图所示  朱锦志宅侧面图　　2017 年 10 月 23 日  朱锦志宅正面图　　2017 年 10 月 23 日

权属信息	编号	JZ—023			
	产权归属	☑个人　　□集体　　□政府 (如归个人,需填写以下其他家庭信息)			
	户主姓名	劳清明	户籍人口	5	常住人口	0
	始建时间	□元代以前　□明代　☑清代　□民国时期　□新中国成立以后			
	建筑是否列入各级保护名录	如是,请注明:_____			
	保护状况	□保护状况良好　☑保护状况一般　□保护状况差、损毁严重			
	是否列入农村危房改造范围	□是　☑否			
	利用状况	☑闲置　□居住　□利用,用途:_____			
	总占地面积	54 平方米	建筑面积	54 平方米	
	建筑层数	1 层	房屋间数	1 间	

建筑概述	建筑平面呈矩形,与其他民居并排而建。采用清代时期灰色火山岩和灰色瓦片作为建筑材料,共一层,为硬山顶。整个建筑由一个大空间组成,可根据需要进行自由划分
建筑图照	建筑的侧面、背面等照片如下图所示  **劳清明宅侧面图　　2017 年 10 月 23 日**  **劳清明宅背面图　　2017 年 10 月 23 日**

权属信息	编号	JZ—025		
	产权归属	☑个人　　□集体　　□政府 (如归个人,需填写以下其他家庭信息)		
	户主姓名	劳英宝	户籍人口　　6	常住人口　　0
	始建时间	□元代以前　□明代　☑清代　□民国时期　□新中国成立以后		
	建筑是否列入 各级保护名录	如是,请注明:		
	保护状况	□保护状况良好　☑保护状况一般　□保护状况差、损毁严重		
	是否列入农村 危房改造范围	□是　☑否		
	利用状况	☑闲置　□居住　□利用,用途:_____		
	总占地面积	68 平方米	建筑面积	68 平方米
	建筑层数	1 层	房屋间数	1 间

建筑概述	建筑平面呈矩形,与其他民居并排而建。采用清代时期灰色火山岩作为建筑墙体材料,共一层,现建筑墙体和屋顶损坏严重。整个建筑由一个大空间组成,可根据需要进行自由划分
建筑图照	建筑的正面、侧面、背面等照片如下图所示  劳英宝宅侧面图　　2017 年 10 月 23 日  劳英宝宅正面图　　2017 年 10 月 23 日  劳英宝宅背面图　　2017 年 10 月 23 日

权属信息	编号	JZ—027				
	产权归属	☑个人　　　□集体　　　□政府 （如归个人，需填写以下其他家庭信息）				
	户主姓名	罗始海	户籍人口	5	常住人口	0
	始建时间	□元代以前　□明代　☑清代　□民国时期　□新中国成立以后				
	建筑是否列入 各级保护名录	如是，请注明：＿＿＿＿＿＿＿＿＿＿＿＿＿＿＿				
	保护状况	□保护状况良好　☑保护状况一般　□保护状况差、损毁严重				
	是否列入农村 危房改造范围	□是　☑否				
	利用状况	☑闲置　□居住　□利用，用途：＿＿＿＿＿＿				
	总占地面积	83 平方米		建筑面积		83 平方米
	建筑层数	1 层		房屋间数		1 间
建筑概述	建筑平面呈矩形，与其他民居并排而建。采用清代时期灰色火山岩作为建筑墙体材料，共一层，现建筑墙体和屋顶损坏严重。整个建筑由一个大空间组成，可根据需要进行自由划分					
建筑图照	建筑的正面、侧面等照片如下图所示  **罗始海宅侧面图　　2017 年 10 月 23 日**  **罗始海宅正面图　　2017 年 10 月 23 日**					

权属信息	编号	JZ-028				
	产权归属	☑个人　　□集体　　□政府 （如归个人，需填写以下其他家庭信息）				
	户主姓名	王应胜	户籍人口	4	常住人口	0
	始建时间	□元代以前　□明代　☑清代　□民国时期　□新中国成立以后				
	建筑是否列入 各级保护名录	如是，请注明：＿＿＿＿＿＿＿＿＿＿＿＿＿＿＿				
	保护状况	□保护状况良好　☑保护状况一般　□保护状况差、损毁严重				
	是否列入农村 危房改造范围	□是　☑否				
	利用状况	☑闲置　□居住　□利用，用途：＿＿＿＿＿＿				
	总占地面积	41平方米	建筑面积		41平方米	
	建筑层数	1层	房屋间数		1间	
建筑概述	建筑平面呈矩形，与其他民居并排而建。采用清代时期灰色火山岩和灰色瓦片作为建筑材料，共一层，为硬山顶。整个建筑由一个大空间组成，可根据需要进行自由划分					
建筑图照	建筑的正面、室内等照片如下图所示  王应胜宅室内图　　2017年10月23日  王应胜宅正面图　　2017年10月23日					

权属信息	编号	JZ—029				
	产权归属	☑个人　　□集体　　□政府 (如归个人,需填写以下其他家庭信息)				
	户主姓名	罗新成	户籍人口	7	常住人口	3
	始建时间	□元代以前　□明代　□清代　☑民国时期　□新中国成立以后				
	建筑是否列入 各级保护名录	如是,请注明:_____				
	保护状况	□保护状况良好　☑保护状况一般　□保护状况差、损毁严重				
	是否列入农村 危房改造范围	□是　☑否				
	利用状况	□闲置　☑居住　□利用,用途:_____				
	总占地面积	163 平方米	建筑面积		121 平方米	
	建筑层数	1 层	房屋间数		6 间	
建筑概述	建筑平面呈矩形,坐北朝南,由正屋、院墙、院落、倒座组成,采用灰色火山岩和灰色瓦片作为建筑材料,部分墙面火山石有脱落。共一层,为硬山顶,中部为堂厅,两侧有房间,可根据需要将房间进行前后分隔,从而由"两房一厅"变为"四房一厅"					
建筑图照	建筑的正面、侧面等照片如下图所示  **罗新成宅侧面图　　　2017 年 10 月 23 日**					

续表

建筑图照	<div align="center">罗新成宅正面图　　2017 年 10 月 23 日</div>

4.1.5　历史环境要素

历史环境要素总表如表 4.6 所示。

表 4.6　历史环境要素总表

	编号	历史环境要素名称	保护级别
基本信息	HJ—001	分布图	
	HJ—002	古树 1	
	HJ—003	古树 2	
	HJ—004	古树 3	
	HJ—005	古道 1	
	HJ—006	米行石碑	
	HJ—007	古树 4	
	HJ—008	古井 1	
	HJ—009	古井 2	
	HJ—010	古戏台	
	HJ—011	古树 5	
	HJ—012	牌坊	
	HJ—013	牵马石	
	HJ—014	肉行限行石碑	
	HJ—015	十排限界石碑	
	HJ—016	上马石	
	注:历史环境要素名称与各分表中需一致		

续表

历史环境要素 分布情况及简介	 　　历史环境要素是指除文物古迹、历史建筑之外,构成历史风貌的围墙、石阶、铺地、驳岸、树木等景物。村中历史环境要素共有四株古树,三株古树位于村庄南侧,一株位于封平约亭东侧;两口古井,古井 1 位于村庄西南方向,井上建造了一座假山,此井已不再使用,古井 2 位于村庄南侧,现仍在使用;古街道位于村庄西部,于大丰古街内,古戏台位于封平约亭旁,呈自由式分布,建成年代各有不同,多服务于当地民众的日常生活活动

名称	古树 1			编号	HJ－002
类型	古榕树	规模	冠幅 7 m	年代	民国
功能用途	遮阳乘凉			保存状况	良好
简介	古树 1 于民国年间栽种,喜温暖湿润气候,喜阳也能耐阴,不耐寒,喜湿,耐干旱,适应性强,可作行道树				
历史环境 要素图照	古树与周围环境的关系、全貌、细节如下图所示  **古树 1 与周围环境的关系图　2017 年 10 月 23 日**				

历史环境
要素图照

古树 1 细节图　2017 年 10 月 23 日

古树 1 全貌图　2017 年 10 月 23 日

名称	古树 2			编号	HJ—003
类型	古榕树	规模	冠幅 7 m	年代	民国
功能用途	遮阳乘凉		保存状况		良好
简介	古树 2 于民国年间栽种,喜温暖湿润气候,喜阳也能耐阴,不耐寒,喜湿,耐干旱,适应性强,可作行道树				

古树与周围环境的关系、全貌、细节如下图所示

古树 2 全貌图　2017 年 10 月 23 日

历史环境
要素图照

古树 2 与周围环境的关系图　2017 年 10 月 23 日

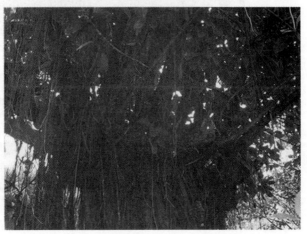

古树 2 细节图　2017 年 10 月 23 日

名称	古树3			编号	HJ—004
类型	古榕树	规模	冠幅10 m	年代	清代
功能用途	遮阳乘凉			保存状况	良好
简介	古树3于清代栽种,喜温暖湿润气候,喜阳也能耐阴,不耐寒,喜湿,耐干旱,适应性强,可作行道树				
历史环境 要素图照	古树与周围环境的关系、全貌、细节如下图所示  古树3与周围环境的关系图　2017年10月23日  古树3全貌图　2017年10月23日				

历史环境 要素图照	 古树 3 细节图　2017 年 10 月 23 日

名称	古道 1			编号	HJ—005
类型	街道	规模	40 m	年代	清代
功能用途	通行			保存状况	一般
简介	清代时期,为方便当地村民往来,改善交通条件,大丰村古道 1 建于此,外层表面采用大块火山岩。2015 年重新进行修缮				
历史环境 要素图照	古道全貌、细节如下图所示  古道 1 全貌图　2017 年 10 月 23 日				

历史环境 要素图照	
	古道1细节图　2017年10月23日

名称	米行石碑			编号	HJ—006
类型	石碑	规模	18 cm×34 cm	年代	清代
功能用途	划分界限			保存状况	一般
简介	米行石碑作为大丰古街内米行划分的标志,设立于清代,具有功能分区的作用				

历史环境 要素图照	米行石碑全貌、细节如下图所示 
	米行石碑全貌图　2017年10月23日

续表

历史环境要素图照	

米行石碑细节图　2017 年 10 月 23 日

名称	古树 4			编号	HJ—007
类型	古榕树	规模	冠幅 9 m	年代	清代
功能用途	遮阳乘凉			保存状况	良好
简介	古树 4 于清代栽种,喜温暖湿润气候,喜阳也能耐阴,不耐寒,喜湿,耐干旱,适应性强,可作行道树				

古树与周围环境的关系、全貌、细节如下图所示

古树 4 与周围环境的关系图　2017 年 10 月 23 日

历史环境
要素图照

古树 4 细节图　2017 年 10 月 23 日

古树 4 全貌图　2017 年 10 月 23 日

名称	古井 1			编号	HJ—008
类型	古井	规模	直径 1.2 m	年代	清代
功能用途	提供饮水		保存状况		一般

简介	古井建造于清代,为当地人民提供甘甜的饮水

古井与周围环境的关系、全貌如下图所示

古井 1 全貌图　2017 年 10 月 23 日

历史环境
要素图照

古井 1 与周围环境图　2017 年 10 月 23 日

名称	古井 2			编号	HJ—009
类型	古井	规模	直径 1.35 m	年代	清代
功能用途	提供饮水		保存状况		一般
简介	古井建造于清代,为当地人民提供甘甜的饮水				

古井与周围环境的关系、全貌如下图所示

古井2与周围环境的关系图　2017年10月23日

历史环境
要素图照

古井2全貌图　2017年10月23日

名称	古戏台			编号	HJ—010
类型	戏台	规模	24 m×13 m	年代	民国
功能用途	演出			保存状况	一般
简介	古戏台为民国时期建于大丰村,是村民集会、演出等进行公共活动的重要场所				

古戏台与周围环境的关系、全貌如下图所示

古戏台与周围环境的关系图　2017 年 10 月 23 日

历史环境
要素图照

古戏台全貌图　2017 年 10 月 23 日

名称	古树 5			编号	HJ—011
类型	古榕树	规模	冠幅 8 m	年代	民国
功能用途	遮阳乘凉		保存状况		良好
简介	古树 5 于民国年间栽种,喜温暖湿润气候,喜阳也能耐阴,不耐寒,喜湿,耐干旱,适应性强,可作行道树				

续表

历史环境 要素图照	古树与周围环境的关系、全貌、细节如下图所示  古树 5 全貌图　2017 年 10 月 23 日  古树 5 细节图　2017 年 10 月 23 日  古树 5 与周围环境的关系图　2017 年 10 月 23 日

名称	牌坊			编号	HJ—012
类型	牌坊	规模	高约 6 m,宽约 12 m	年代	清代
功能用途	划分界限		保存状况		良好
简介	大丰村牌坊建于清代,作为一个划分界限的标志物,宣扬封建礼教,标榜功德,给人以空间的分隔,同时也是大丰古街的终点				
历史环境要素图照	牌坊与周围环境的关系、全貌如下图所示  牌坊与周围环境的关系图　2017 年 10 月 23 日  牌坊全貌图　2017 年 10 月 23 日				

名称	牵马石			编号	HJ—013
类型	石头	规模	15 cm×28 cm	年代	清代
功能用途	拴马		保存状况		一般
简介	牵马石建于清代,有一孔洞在牵马石中央。古代人们骑马而行,停歇之时将牵马绳拴在牵马石上。牵马石是大丰村重要的历史要素				

牵马石与周围环境的关系、全貌、细节如下图所示

历史环境
要素图照

牵马石细节图　2017 年 10 月 23 日

牵马石与周围环境的关系以及全貌图　2017 年 10 月 23 日

名称	肉行限行石碑			编号	HJ—014
类型	石碑	规模	15 cm×28 cm	年代	清代
功能用途	划分界限			保存状况	一般
简介	肉行限行石碑作为大丰古街内肉行划分的标志,设立于清代,将肉行商贩限定在一定的范围内,具有功能分区的作用				

肉行限行石碑与周围环境的关系、全貌、细节如下图所示

历史环境
要素图照

肉行限行石碑与周围环境的关系以及全貌图　2017 年 10 月 23 日

肉行限行石碑细节图　2017 年 10 月 23 日

名称	十排限界石碑			编号	HJ—015
类型	石碑	规模	18 cm×22 cm	年代	清代
功能用途	划分界限			保存状况	一般
简介	十排限界石碑作为大丰古街内划分的标志,设立于清代,具有功能分区的作用				

历史环境 要素图照	十排限界石碑与周围环境的关系、全貌、细节如下图所示

十排限界石碑与周围环境的关系、全貌、细节如下图所示

十排限界石碑与周围环境的关系以及全貌图　2017 年 10 月 23 日

十排限界石碑细节图　2017 年 10 月 23 日

名称	上马石			编号	HJ-016
类型	石头	规模	直径约 1 m	年代	清代
功能用途	上马			保存状况	一般
简介	上马石建于清代，设置在大丰古街中。由于部分人身高矮小，无法直接上马，因此设上马石，使得人们可以踩踏其上从而顺利上马				

续表

历史环境要素图照	上马石全貌、细节如下图所示  上马石全貌图　2017 年 10 月 23 日  上马石细节图　2017 年 10 月 23 日

4.1.6　民俗文化

民俗文化总表如表 4.7 所示

表 4.7　民俗文化总表

基本信息	序号	非物质文化遗产、特色民俗项目名称	保护级别
	MS—001	公期	
	MS—002		
	MS—003		
	MS—004		
	……		

民俗文化项目详细信息表如表 4.8 所示

表 4.8　民俗文化项目详细信息表

MS—001	公期
节庆活动	大丰村传统节日俗名"公期",时间为农历正月初十至十一,是大丰村人一个重大的传统节日,节期两天。每当节日来临,家家户户杀鸡宰鹅,祭拜神社、祖先,招朋纳友共欢,且凡来者不拒。以节期第一天最为热闹,人来人往,门庭若市。活动内容古今结合,有抬神像、"过火山"、办球赛、唱大戏、迎财神、祈丰收等,其意以期村民欢欢喜喜、顺顺利利过好日子,如下图所示  **大丰村公祠**
MS—002	祭祀崇礼
祭祀崇礼	大丰村供奉神像如下图所示。  **大丰村供奉神像**
MS—003	婚丧嫁娶

婚丧嫁娶	婚庆习俗:在当今社会中,男女双方恋爱成熟,登记结婚顺理成章。在澄迈地区,除了法定的程序外,还要符合澄迈特色的婚姻习俗。不论是十年八年的爱情长跑、青梅竹马、自由恋爱结合的婚姻、奉子成婚,还是所谓"明媒正娶"的联姻,澄迈在婚俗上逐步形成了一种不成条文的惯例,即要请媒人说亲(求婚送聘礼)、讨庚(问女方生期)、定亲(送布)、安床、迎亲、回门等繁多的程序。在婚礼方面别具一格的情节,保留和展示了澄迈婚礼与其它地方的差异性。 1. 提亲 　　男女双方恋爱成熟,双方家人同意了,但不得不按形式请一媒人带礼品上门提亲,媒人大部分是中年妇人,能言会道,且得有福相的。但常常是男方父母亲自上门提亲,连媒娘的红包也省了。男方第一次上门,女方接待吃饭最忌吃生毛之物,担心婚事飞走。 2. 定命 　　双方父母都达成共识,愿意子女联姻。择一吉日,媒人到女方讨要生辰八字,并且要给一红包给女方,算是压命,这个过程叫"要命"。收到女方生辰八字后,男方父母也将自己的孩子生辰八字用红纸写出来,跟女方的生辰八字一起放在盒子内,请算命合命掐算。这期间改来改去跑来跑去传递信,都由媒人操办,算合了就叫定命。 3. 问亲 　　男方父母为儿子娶媳妇,便叫媒人带礼物到女方家去"问亲",主要是征求女方父母的意见,今年能完婚否。一般都是同意的,如有的地方考虑兄或姐的婚否,需要依顺进行,当然也有家里有白事或者红事的,一年不宜嫁两女。如果女方父母赞同,就把事先已写好的女儿的生辰八字红纸,从米缸中拿出来走到客厅有意丢地上,让媒人捡拾,俗称"拾命"。之后,媒人第二次又到女方家去报日,告知"送布"或"完婚"的日期。 4. 送布 　　送布是向女方或及亲戚报知结婚日期的一种仪式。由媒婆担两只担,当然,现在社会都是由汽车送去。这天,男方准备的礼物有猪脚一对、红线两结、胭脂两盒、布匹若干、饼干四箱,最重要的是人民币了,一般在五千至两万左右,此时,可能女方这边要再送少部分钱回男方。这天,是女人们最过瘾的时候了,女方街坊或左邻右门或亲戚的妇女们都在中午吃海南粉,几乎是半条巷和全部亲戚女人都来吃海南粉,没有摆酒席,吃东西没有必要花钱,女人们可以一边吃粉,一边高谈阔论,说说笑笑,绝对没有男人的事,每家人吃完后还打包一大碗回家,场面热闹非凡。 5. 安床 　　安床,本地婚俗中非常注重这一仪式,并代代流传,沿续至今。安床的方向关系男女双方能否和睦相处,平安吉庆,顺利生儿育女。安床一般于迎亲的前一天,"择日先生"以新郎新娘的生辰八字择时安置,由村中三代同堂、家中男丁旺的一对老夫妇来安床。其实,新床的位置和方向已由"择日先生"用罗经定准,事前已喊三两个有力气的男人安置妥当。安床时辰一到,把床抬起,在四个床脚各垫一块红纸,上面撒古钱和吉叶,寓意发财和大吉大利。尔后,这对老夫妇就为男主在房中点亮一对盛满煤油的灯,以表示新郎"添丁"。然后,两老出了新房,把门锁上,系了红线的钥匙交给主人。主人第二早再将钥匙交给引娘妈,第二天傍晚新娘迎聚回后,才由引娘妈打开房门,主人给俩老吉利红包。安床仪式就算完成了。

婚丧嫁娶	

6.迎亲

迎亲这一天,新郎到发廊理发,之后,回家穿上新衣服,力求装扮英俊,形象面貌一新,为了排阔气,当今都是数以十计的轿车队迎亲,最后一辆轿车用来装嫁妆,迎亲车辆数目为单数。在迎亲途中,一路鞭炮不断。迎亲车队抵达女方后,女方点鞭炮迎接,新郎披着绚丽的红毛毯,在媒婆的引导下来到女方家门口,女方的小弟或堂弟前来敬茶或敬烟,然后,新郎每喝一口茶要给小弟二百元的红包,同样,点烟也是二百元红包。当然,女方父母是不能没收小弟们的红包。要是女方是外省人,即在附近宾馆包一房间作为女方迎亲地方。女方宴请一般在中午,期间,还要举行拜婆祖等祖先等活动。

下午迎亲车队回到新郎家,由引娘妈打开新房的门锁,新娘入新房,并要新娘在事先安排好方向椅子坐定,俗称"坐定"。新娘房要叫孩儿们坐,男孩子坐在新娘床上,并由男方父母或亲人送茶水饮用后,才可起身,接着举行几项仪式。(1)拜堂,(2)婚宴敬酒,(3)新娘新官接灯,(4)闹新房,(5)做"十友"。这几项活动和其它地方大同小异,在这里就不再多说了。

7.回路

第三早晨,新娘起床洗漱好后,从客厅携带一个红包(男方父母准备)到厨房生为煮饭等家务,表示已正式成家立业。接着新娘和新官一起回娘家。

大丰村婚俗如下图所示。

大丰村婚俗

丧葬习俗:一般有"回屋""过水""守灵""入殓""出殡""回路""守孝""三七""五七""做斋"超度等习俗。

4.1.7　生产生活

大丰村生产生活表如表 4.9 所示。

表 4.9　大丰村生产生活表

项目	内容描述
特色物产	农业种植场地主要有耕地、园地、林地、草地。粮食作物以水稻为主,一年两造。此外还有毛薯、木薯、芋头等产品。豆类有黑豆、黄豆、红豆、豇豆。油料作物有花生、芝麻、油菜等。水果类有荔枝、龙眼、菠萝蜜、柑橘、香蕉、黄皮、番石榴、杨桃等 20 多个品种。这些水果主要在房前屋后种植,产量较少。经济作物有甘蔗、菠萝蜜。瓜菜类有西瓜、冬瓜、黄瓜、木瓜、南瓜、丝瓜、葫芦瓜、茄子、韭菜、青菜、大白菜、葱、大蒜、红萝卜、水芹、芥菜等。此外,大丰村周边还长着许多野生药用植物。大丰村饲养动物有畜类牛、猪、羊、狗、猫,禽类鸡、鸭、鹅等。村民贩卖农产品的场景如下图所示  大丰村村民贩卖农产场景图
商业集市	大丰村是古澄迈县一处著名的农村集贸地。因地处交通要道,旧时村庄密集,人口众多,商贸物流繁忙,故称"封平多峰市"。古多峰铺贸易街道、房屋、商店等众多,两旁店栈相连紧挨,原貌基本保存,如下图所示。二日一小集,四日一大集,人气相当兴旺  大丰村商业集市图

服装服饰	民国以前,村民多穿自织自染为主的大襟宽袖麻布衣、宽头麻布裤,衣料粗糙。民国以后,村民穿着有些变化,公务人员穿灰色或蓝色中山装,绅士长者穿长袍马褂。1950 年以后,农民多穿唐装,戴解放帽、草帽或斗笠,穿木屐。20 世纪六七十年代,春夏穿背心,穿各色衬衣、西裤。20 世纪 80 年代以后,穿着甚为讲究,追求美观、时髦、个性,要求名牌的、流行的、有时代特色的。一般农民春夏秋冬的服装都备几套。特别是青年人,秋冬季节身着皮夹克、西装、风衣,脚穿运动鞋、皮鞋;女人身着各种连衣裙或流行的套装,品种繁多,颜色多样。服装服饰图如下图所示。  服装服饰图
美味美食	大丰的美食有咖啡、咖啡糕、翻砂芋头等。澄迈的东部老城镇鹅肉较出名,其中以白莲社区周边地区最为代表,俗称白莲鹅。白莲鹅以肉质紧绷、香甜可口而荣登海南八大名菜榜单之列。村民重要节日,亲朋好友相聚,村民多以海鲜为主。大丰村有一家以经营咖啡为主的休闲农庄,农庄小吃有咖啡糕。大丰村美食图如下图所示。  大丰村美食图

4.2　老城镇马村的民居建筑调查

4.2.1　村落概况

老城镇马村村落概况如表 4.10 所示。

表 4.10　村落概况表

村落名称	海南 省		澄迈 县(省直辖县级行政单位)	老城 镇(乡)　　马 村	
村落属性	□行政村　☑自然村		村落形成年代	☑元代以前　□明代　□清代　□民国时期　□建国以后	
地理信息	经度：110.031768　纬度：19.951295　海拔：57.1 米		地形地貌特征	□高原　□山地　☑平原　□丘陵　□河网地区	
村域面积	12　平方千米		村庄占地面积	500　亩	
户籍人口	2 100　人		常住人口	1 900　人	
村集体年收入	60　万元		村民人均年收入	9 883　元	
主要民族	汉　族		主要产业	养殖、海水捕捞	
村民对传统村落是否了解	□不了解　☑了解　村民了解方式：□村民大会　☑张贴通知　□其他方式：_____				
本行政村是否已有中国传统村落	☑无　□有：村名：_____				
村落是否列入各级保护或示范名录	传统村落保护名录：　　　　□省级　□市级　□县级　列入历史文化名村：　　　　□国家级　□省级　列入特色景观旅游名村：　　□国家级　□省级　列入少数民族特色村寨试点示范：□是　☑否　其他,请注明名称及由哪一级认定公布:省文化广播体育厅授予"海南千里环岛文化长廊达标单位"。				
村落简介	村落特点概括:琼北火山岩民居村落　　　村落地理环境:地理位置、行政管属、自然条件(气候、地貌、地质、水文、土壤、植被、动物、主要灾害等)、村落面积、布局等如下。　　　地理位置:马村位于海南岛的北部,东经 110°02′,北纬 19°27′。距老城镇政府 10 千米,海南省省会海口市 33 千米。东边与石矍村毗邻,东北面与包金村连成一片,南边与文音村和头甸村交界,西面的马岛与桥头镇辖区接壤,北面毗邻琼州海峡,与雷州半岛隔海相望。本村有人民路、电厂路、富氏路、市场路、一横路、二横路和村前路。　　　行政管属:马村隶属澄迈县老城镇。　　　自然条件如下。				

村落简介	1. 气候气象:马村所属区域为亚热带海洋性气候,光照充足,常年平均温度在23～24℃,七月份是温度最高的月份,月平均温度在28℃左右.白天酷热,早晚海风习习,凉爽舒适。正如古诗所云:"红云带日秋偏炎,海雨随风夏却寒"。雨量充足,常年降雨量为1 417.8毫米,最大年降雨量为2 444毫米;最少年降雨量为1 139毫米。一般情况下,5月至10月为雨季。 　　2. 地形地貌:马村北侧靠海,南侧有一国社岭,海拔为57.1米。全村地势高低起伏较小,村域内较为平坦。 　　3. 水文条件:雨量充足,常年降雨量为1 417.8毫米,最大年降雨量为2 444毫米;最少年降雨量为1 139毫米。一般情况下,农历四月份开始为雨季,降水量增多,水流成河。农历十月以后,进入旱季,降水量减少,河里水围下降,加上河水清澈,可以看见河底。 　　4. 土壤:马村地处海南岛北部平原,沿海地带海流带来大量的物质积累下来,在地貌发育过程中,由于间接性的上升作用,而逐渐构成海积平原。同时,沿海强风吹移大量沙粒堆积在沿海地区,使之形成沙堤,马村辖区的土壤大都是这样形成的。因此,大部分是滨海砂土。其次,有少量砖红渗育性水稻土。 　　5. 植被:植物资源丰富。(1)粮食作物:水稻,主要有籼稻和糯稻两大类,一年两熟;薯类有毛薯、木薯、番薯、蔓薯等品种;豆类有黑豆、黄豆、绿豆、红豆、豇豆等品种;此外,杂粮还有高粱、小米、狗尾粟、鸭脚粟等。(2)油料作物:主要是花生和芝麻。(3)经济作物:甘蔗、菠萝蜜、棉花、芋麻等。(4)水果植物:荔枝、龙眼、菠萝蜜、柑橘、香蕉、黄皮、番石榴、杨桃等20多个品种。这些水果主要在房前屋后种植,产量较少。(5)瓜菜:西瓜、黄瓜、冬瓜、丝瓜、南瓜、葫芦瓜、茄子、韭菜、葱、大蒜、白萝卜、水芹、雍菜等。(6)海边野生植物:红树林等。此外,马村地区还生长着许多药用植物。 　　6. 动物:动物资源分为饲养和野生两类。饲养动物有畜类牛、猪、羊、狗、猫,禽类鸡、鸭、鹅等。野生动物有野兔、山鸡、啄木鸟、猫头鹰、乌鸦、杜鹃、鹭鸶、白面鸡、燕子、八哥等。 　　7. 自然灾害:影响马村的灾害主要有台风,旱灾。 　　村落面积:村域面积为12平方千米;村庄占地面积为500亩。 　　村落布局:马村村庄整体传统建筑集中连片,传统民居多为农村普通瓦房,木石结构,墙体建筑取材火山岩石和海石灰岩。古民居连片分布,位于现村落的北面,有的还有人住,损坏的也已维修,整体风貌尚好。如今马村已成倍扩大,新民居分布于新址各街巷中
	村落宗族、分布、人口、户数:马村村民以马姓为主,汉族,讲海南方言,信仰道教。户籍人口为2 100人
	村落产业、村民收入、经济状况如下。 　　马村是个渔村,村民以捕捞、养殖为主,也种植一些粮食及经济作物。其中,经济作物包括瓜菜、水稻、芝麻、木薯等。少量副业主要为畜禽类喂养,包括鸡、鸭、鹅及鱼等

村落历史	村落迁徙历史如下。 马村始祖原籍福建省兴化府莆田县甘蔗园村,以渔为业。宋靖康至建炎元年(公元 1126—1127 年),当时的封建王朝日益重视和加强对南方和海南岛的统治。同时,由于北方战祸频繁,人民为躲避战乱而纷纷南逃,大批移居海南岛,尤其是闽人、广东一带的客家人和潮州人。马村始祖就是在这个时期来海南落户的。 马村始祖到海南时,首登马岛,并在那里建村立寨,繁衍生息,以马岛湾为基地,出海打鱼、摸蟹捞虾维持生活。但是,马岛终究是个海滩沙子冲积形成的半岛,由西向东伸延,仅长约 3 千米,南北平均宽约二百米。面积约 0.6 平方千米,全是沙地,且三面环海,不适宜种植农作物。岛上海拔低,又无防护林,遇上台风、海啸,房子就会被刮走或被海水淹没,天灾严重,给生活带来巨大的困难。于是,他们便迁往国社岭西边的顺昌和昆宋其参居住。这样,既可以出海打鱼,又方便在住地周围垦荒种植,拓展生活渠道。有些人还可以兼作艄公,摆渡客人。 住在顺昌和昆宋其参,潮起潮落,举目便知。掌握潮汛,对于出海捕捞、管理船只十分有利,也方便管理顺昌一带的农作物。因此,村民在这里居住的时间比较长。 然而,顺昌地处风口,台风发作时,停泊在岸边的船只容易遭受破坏。因此,后来又迁居目寒。初进那儒(村)时,村域只在"朋西",后来随着人口的增加,村子的规模慢慢地由"朋西"扩展到"向北""育目侯""头潭"和"武黎庙",五个部分构成一个马村。一直延续至 1985 年。 1985 年以后,马村开始由农村向城镇过渡,村域逐渐向东向南伸延。1993 年,马村辖区的土地全部被征用。马村由农村变成为城镇,宅地由村里统一管理,住宅建设也由村里统一规划。在短短的几年内,一个富有南国特色的、美丽壮观的马村镇出现在人们的眼前
	村落建村历史过程如下。 "马村"原名银题村。清·《琼州府志》记载,澄迈县都图分二乡,共领都三十九。恭贵乡领都十七。其中,安调都银题村即今马村。银题村意为美丽洁白的村庄。 据墓志铭知,马村始祖是一个读书人,有才有德,但淡泊名利而隐居不仕。他取村名很考究,用"银题"而不用"玉题",更贴切马岛的自然环境。此村名一直沿袭至1943 年,后因全村都是马姓,他称"马村",遂成惯用村名,沿用至今
	村落建制变迁史如下。 公元 1447 年(明·正统十二年),澄迈县上隶琼州府,下辖恭顺、贵平、永泰三乡,五十四都,马村属贵平乡安调都。公元 1710 年(清·康熙四十九年),澄迈县恭顺、贵平两乡合并为恭贵乡,马村(原银题村,也称那儒村)属恭贵乡安调都。1912 年"中华民国"成立后,澄迈县按区域划分为 9 个区,马村受四区管辖。公元 1927 年("民国"十六年)澄迈县撤区建团,全县设 31 个团,沿海地区的马村、石矍村、谭昌村、美玉村、音书村、谭脉村、文音村以及大丰地区的村庄成立为一个团。公元 1931 年("民国"二十年),澄迈县推行区乡保甲建制,全县设六个区,马村受第四区大丰乡设在石矍村的保管辖,村内设两个甲。公元 1941 年("民国"三十年),澄迈县分为 36 个乡,马村属大丰乡,村内设两个甲。公元 1946 年("民国"三十五年),澄迈县划分为五个区,十五个乡,马村属第四区白莲乡。马村和石矍村合为一个保,直至 1950 年海南解放

村落历史	新中国成立前苏维埃政权的建制:1928 年马白山同志在澄迈县四区建立了共产党组织,成立了澄迈第四区委以后,又发动群众组织第四区红军分队。1930 年成立大丰乡苏维埃政府,上隶澄迈县苏维埃政府。马村属大丰乡苏维埃政府管辖。1946 年,澄四区建立了大东乡民主政府,马村属大东乡民主政府管辖。 海南解放以后,1950 年 9 月,澄迈县调整行政区域,设 5 个区,1 个镇,57 个乡,马村划归澄四区老城乡。1953 年 3 月,土地改革复查后期,澄迈县又调整行政区域,将全县划分为 6 个区 104 个乡,马村属四区亭西乡。1957 年撤区并乡,全县设 1 镇 14 乡,马村属白莲乡。 1958 年澄迈县实现人民公社化,政体改革,政社合一,马村属白莲公社。1961 年调整社队规模,白莲公社分为白莲、老城和美亭 3 个公社,马村划归老城公社。1972 年 6 月,从老城公社分出马村人民公社,1973 年改为马村渔业人民公社。 1983 年,撤销公社,恢复区乡建制,成立马村区,马村大队改为马村乡。1987 年撤销区乡建制,马村区改为马村镇,马村大队改为马村村民委员会,后改为居民委员会
重要历史人物	主要历史人物的生卒年、重要事迹、依据等如下。 马时现:字图卿,号碧浦,举人。清道光五年(公元 1825 年),到京城礼部参加乙酉乡试,考中举人(魁元)。南归抵省城时,恰逢卢家招聘,便应聘到卢家当家庭教师。日授月试,从未间断。进入词林的卢同伯、捷南官,都是他培养出来的。回乡后,他在家乡居住期间,曾在马村设学堂招徒授经,清道光十五年(公元 1835 年)春,县城绅士建造房屋,开设书院,敦请他为尚友书院主讲。他曾为琼海县马氏大宗祠题楹联:"溯奉旨旧家郁郁彬彬俱簪缨照世德,询扶风巨族绳绳垫垫无非黻黼赞皇求猷。"马村的马氏宗族在二十四世以前,没有统一的取名规定,各人随心所欲,自由选取。他考中举人以后,提议村里统一取名的办法。于是从二十四世开始全村马氏统一按辈次使用"时其毓汉家传祖德"命名(按习惯,"德"字不用),这种命名办法,一直延续至今。 马其长:清光绪二十至年(公元 1897 年)考取广东丁酉科第一名拔贡,受授"拔元"衔及匾额;清光绪二十四年(公元 1898 年)赴京参加廷试第,钦赐感恩知县,因其不愿就任知县,后改赐"文徵郎",任琼州府教谕及主考。清光绪三十四年(1908 年)、任《澄迈县志》续修总修之一。1921 年卒。 马汉遴:(1867—1964 年),童年勤奋好学,熟读四书五经,精通经史。他主张"维持良俗,教育人才",获得民众的拥护。公元 1912 年(民国元年)被村民推选为助学机构"新创中兴大成当宗"的总理,负责动员村民捐资助学和筹办村里公益事业。为马村的教育事业尽责尽力,做出了不可磨灭的贡献。他是村里德高望重的父兄,澄迈县有名的通判。他教子有方,他的子孙中 11 人是中共党员,16 人受过高等学校的教育。在革命战争年代,有三个子孙为革命献出了宝贵的生命,但他义无反顾,仍继续无私资助中共琼崖纵队,他的家成为琼崖纵队的供给站。1949 年新中国诞生了,他笑迎子孙们前赴后继为之奋斗的成果,欢庆来之不易的胜利。海南解放后,他的子孙们先后成为各级党政领导干部,而他却默默无闻地在家务农,直至 1964 年辞世长眠。

重要 历史人物	马家璧:(1895—1925 年),孙中山领导的中国同盟会会员,海南民军西路指挥,是海南反对封建、反对军阀统治的民主革命者。
	马白山(1907 —1992 年):原名马家声,中共党员,中国人民解放军海南省军区副司令员,少将。1983 年离休,正兵团级待遇
重要 历史事件	唐宋时期,马村港称石矍港,是海南岛北渡主要港口,唐代鉴真和尚和北宋苏东坡北归均由石矍港启程。
	公元 1126—1127 年(宋,靖康至建炎元年),马村一世祖自闽兴化府莆田县甘蔗园村迁徙海南岛,首登马岛,取名银题村。后为发展多种经济、渔农并举而迁居顺昌、博河、目寒,再迁那儒村(今马村)

4.2.2　周围环境

老城镇马村周围环境,如表 4.11 所示。

表 4.11　周围环境表

项目	内容
自然环境	马村村域范围内的山川水系、地质地貌、植被动物等自然环境要素如下。 山川水系:马村北侧靠海,南侧有一国社岭,海拔 57.1 米。全村地势高低起伏较小,村域内较为平坦。马村南侧,国社岭北侧,有一谭漏溪,国社岭南侧有那脉溪。 地质地貌:马村地处海南岛北部平原,沿海地带海流带来大量的物质积累下来,在地貌发育过程中,由于间接性的上升作用,而逐渐构成海积平原。同时,沿海强风吹移大量沙粒堆积在沿海地区,使之形成沙堤,马村辖区的土壤大都是这样形成的。因此,大部分是滨海砂土。其次,有少量砖红渗育性水稻土。 植被:植物资源丰富。(1)粮食作物:水稻,主要有籼稻和糯稻两大类,一年两熟;薯类有毛薯、木薯、番薯、蔓薯等品种,豆类有黑豆、黄豆、绿豆、红豆、豇豆等品种,此外,杂粮还有高粱、小米、狗尾粟、鸭脚粟等。(2)油料作物:主要是花生和芝麻。(3)经济作物:甘蔗、菠萝蜜、棉花、苎麻等。(4)水果植物:荔枝、龙眼、菠萝蜜、柑橘、香蕉、黄皮、番石榴、杨桃等 20 多个品种。这些水果主要在房前屋后种植,产量较少。(5)瓜菜:西瓜、黄瓜、冬瓜、丝瓜、南瓜、葫芦瓜、茄子、韭菜、葱、大蒜、白萝卜、水芹、蕹菜等等。(6)海边野生植物:红树林等。此外马村地区还生长着许多药用植物。 动物:动物资源分为饲养和野生两类。饲养动物有畜类牛、猪、羊、狗、猫,禽类鸡、鸭、鹅等;野生动物有野兔、山鸡、啄木鸟、猫头鹰、乌鸦、杜鹃、鹭鸶、白面鸡、燕子、八哥等
风景名胜	马村周边的风景名胜主要有马白山纪念园。马白山纪念园位于海南澄迈县马村镇西面海边国社岭岭脚,于 1997 年 9 月 26 日建成。是为纪念在抗日战争中做出突出贡献的中国共产党的杰出党员马白山同志而建立的

项目	内容
文物古迹	村子前面有一宗祠,始建于清朝道光二年,石墙木梁红柱绿瓦,祠前对联:"圣祖威名惊九州,世嗣俊杰殷四海";村中宗祠、庙宇六座,分别为马氏大宗公祠、世明公祠、国兴公祠、开泰公祠、文连公祠和马伏波公庙。其中,文连公祠建于南宋,至今保存完好。村东南方有潭漏溪和那脉溪,两溪雨期水势奔腾,旱季源泉涓涓,双溪流水自南而北,终归大海

4.2.3 选址格局

老城镇马村选址格局如表 4.12 所示。

表 4.12　马村选址格局表

项目	内容
村落选址	村落选址特点、形成背景等如下。 村位于澄迈县北部,东与石矍村毗邻,西与沙土村接壤,南与文音村交界,北是波涛翻滚白浪追逐的琼州海峡;三面环海,一面临陆;前为马岛湾,后和雷州半岛隔海相望
村落格局	聚落形态、格局、分布、主要街巷,民居、祠堂、庙宇、书院、鼓楼、花桥等分布情况如下。 马村村庄整体传统建筑集中连片,传统民居多为农村普通瓦房,木石结构,墙体建筑取材火山岩石和海石灰岩。古民居连片分布,位于现村落的北面,有的还有人住,损坏的也已维修,整体风貌尚好。如今,马村已成倍扩大,新民居分布于新址各街巷中。 村子前面有一宗祠,始建于清朝道光二年,石墙木梁红柱绿瓦,祠前对联:"圣祖威名惊九州,世嗣俊杰殷四海";村中宗祠、庙宇六座,分别为马氏大宗公祠、世明公祠、国兴公祠、开泰公祠、文连公祠和马伏波公庙
村落风貌	村庄传统建筑基本上都是以火山岩石为材料建造的,古民居连片分布,保存较好
建村智慧	由于北方战祸频繁,人民为躲避战乱而纷纷南逃,大批移居海南岛,尤其是闽人、广东一带的客家人和潮州人,马村始祖就是在这个时期来海南落户的。马村始祖到海南时,首登马岛,并在那里建村立寨,繁衍生息,以马岛湾为基地,出海打鱼、摸蟹捞虾维持生活。后几经迁移,在北坡(即今马村所在地)定居,延续至今

4.2.4 传统建筑

老城镇马村村落传统建筑因地制宜,顺应地势,呈自由式布局,运用火山岩、瓦片作为建筑材料并采用硬山顶结构。马村传统建筑地理位置分布图,如图 4.1 所示。

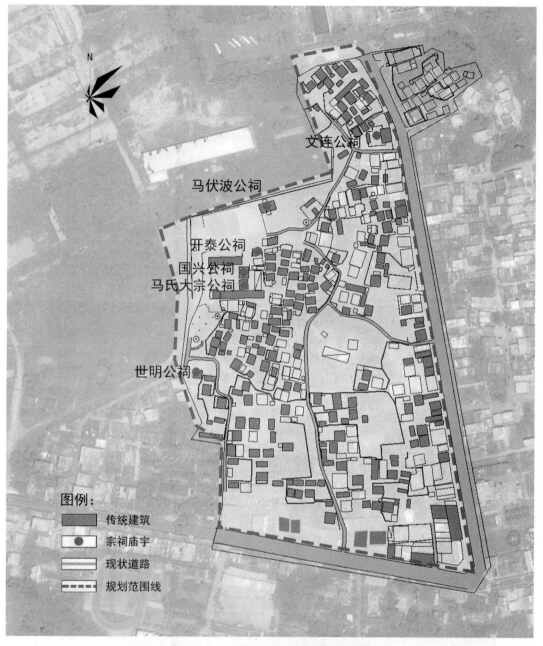

图 4.1　马村传统建筑地理位置分布图

如图 4.2～图 4.9 所示为文连公祠。该公祠坐东朝西,位于村北,有院墙和门亭,祠堂大门约三米处有一影壁。祠堂采用灰色火山岩和瓦片,硬山顶,窗口处有铜钱、卍字回纹等吉祥图案装饰。

图 4.2 文连公祠院墙 拍摄时间:2017 年 10 月 23 日

图 4.3 文连公祠祠堂大门 拍摄时间:2017 年 10 月 23 日

图 4.4　文连公祠影壁　拍摄时间:2017 年 10 月 23 日

图 4.5　文连公祠硬山顶　拍摄时间:2017 年 10 月 23 日

图 4.6　文连公祠祠堂大门　拍摄时间:2017 年 10 月 23 日

图 4.7　文连公祠窗口回纹　拍摄时间:2017 年 10 月 23 日

图 4.8　文连公祠　拍摄时间：2017 年 10 月 23 日

图 4.9　文连公祠室内　拍摄时间：2017 年 10 月 23 日

　　如图 4.10～图 4.16 所示为马伏波公祠：该祠堂位于村庄西北部，坐东朝西，有门亭和堂屋，并由连廊相连接。廊子两侧各有一厢房。堂屋贴深红色面砖，硬山顶，黄色琉璃瓦。整个建筑中轴对称、庄严肃穆、等级分明。

图 4.10 马伏波公祠门亭一 拍摄时间：2017 年 10 月 23 日

图 4.11 马伏波公祠房顶 拍摄时间：2017 年 10 月 23 日

图 4.12　马伏波公祠琉璃瓦　拍摄时间:2017 年 10 月 23 日

图 4.13　马伏波公祠　拍摄时间:2017 年 10 月 23 日

图 4.14　马伏波公祠门亭二　拍摄时间:2017 年 10 月 23 日

图 4.15　马伏波公祠连廊　拍摄时间:2017 年 10 月 23 日

图 4.16　马伏波公祠窗口花纹装饰　拍摄时间：2017 年 10 月 23 日

4.2.6　民俗文化

民俗文化总表，如表 4.13 所示。

表 4.13　马村民俗文化总表

基本信息	序号	特色民俗项目名称	保护级别
	MS—001	节庆活动	
	MS—002	祭祀崇礼	
	MS—003	婚丧嫁娶	
	MS—004		
	……		

马村民俗文化项目,如表 4.14 所示。

表 4.14　民俗文化项目

MS-001	节庆活动
节庆活动	马村的传统节日军坡公期为农历六月十六,该节日是为伏波将军马援庆生,家家户户杀鸡宰鹅,招朋纳友共同庆祝,且来者都是客,每家以接待人数多为荣,代表人丁兴旺。公期白天有篮排球赛、拔河等活动,晚上则是观看琼剧。节庆活动如下图所示。  **节庆活动场景图**
MS-002	祭祀崇礼
祭祀崇礼	1.每年冬至,全村 60 岁以上老人集中到祖坟进行扫墓祭祖,每家每户各自准备好祭祖物品,把祖坟周边杂草等清理干净,给祖先创造一个整洁的环境,祈祷祖先保佑子孙平平安安,事事顺利。 　　2.农历二月十九为观音菩萨生日,全村参与,本村外出人口也携家带口回到村里,与村里人一起祭拜,燃香点炮,上供祭品有猪肉、鸡、米酒等物品,祷祝村里风调雨顺,全村人口平平安安。马村公祠如下图所示。  **马村公祠**

4.2.7　生产生活

老城镇马村生产生活表,如表 4.15 所示。

表 4.15　马村生产生活表

项目	内容描述
特色物产	农业种植场地主要有耕地、园地、林地、草地。粮食作物以水稻为主,一年两造。此外还有毛薯、木薯、芋头等产品。豆类有黑豆、黄豆、红豆、豇豆。油料作物有花生、芝麻、油菜等。水果类有荔枝、龙眼、菠萝蜜、柑橘、香蕉、黄皮、番石榴、杨桃等 20 多个品种。这些水果主要在房前屋后种植,产量较少。经济作物有甘蔗、菠萝蜜。瓜菜类有西瓜、冬瓜、黄瓜、木瓜、南瓜、丝瓜、葫芦瓜、茄子、韭菜、青菜、大白菜、葱、大蒜、红萝卜、水芹、芥菜等。此外,马村周边还长着许多野生药用植物。马村饲养动物有畜类牛、猪、羊、狗、猫,禽类鸡、鸭、鹅等。甘蔗基地图如下图所示。
特色物产	 <div align="center">甘蔗基地图</div>
商业集市	马村无商业街区和集市,村中有 2 个零售小卖部,分布在人流较多的主要街巷,商品丰富,能满足村民日常所需。村中农副产品部分在离村庄较近的老城镇街上售卖,部分由外地老板进村收购,马村商业集市图如下图所示 <div align="center">马村商业集市图</div>

服装服饰	民国以前,村民多穿自织自染为主的大襟宽袖麻布衣、宽头麻布裤,衣料粗糙。民国以后,村民穿着有些变化,公务人员穿灰色或蓝色中山装,绅士长者穿长袍马褂。1950年以后,农民多穿唐装,戴解放帽、草帽或斗笠,穿木屐。20世纪六七十年代,春夏穿背心,穿各色衬衣、西裤。20世纪80年代以后,穿着甚为讲究,追求美观、时髦、个性,要求名牌的、流行的、有时代特色的。一般农民春夏秋冬的服装都备几套。特别是青年人,秋冬季节身着皮夹克、西装、风衣,脚穿运动鞋、皮鞋;女人身着各种连衣裙或流行的套装,品种繁多,颜色多样。马村居民服装服饰,如下图所示  马村居民服装图
美味美食	马村属澄迈东部老城镇白莲社区,那有着许多野外散养的鹅,俗称白莲鹅。白莲鹅以肉质紧绷,香浓可口而荣登海南八大名菜榜单之列。 马村水资源丰富,盛产水产海产,海鲜味道鲜美。村民热衷于海鲜,每逢节日、亲朋友人相聚必拿海鲜招待,如下图所示  海洋美食图

4.2.8　村志族谱

老城镇马村村志族谱总表如表 4.16 所示。

表 4.16　马村村志族谱总表

基本信息	序号	资料类型	资料名称
	CZ—001	村志	《马村志》
	CZ—002	族谱	《马村族谱》
	CZ—003	村规民约	《马村志》

马村村志族谱表,如表 4.17 所示。

表 4.17　马村村志族谱表

序号	CZ—001
项目	描写内容
村志	《马村志》2002 年 6 月第 1 版:该书共 340 页,分为"地理篇",共 3 章;"革命斗争篇",共 5 章;"村政建设篇",共 4 章;"经济建设篇",共 4 章;"社会生活篇",共 3 章;"文化教育篇",共 3 章;人物篇,共 5 章。 编撰这部村志,从宏观定位,是一部与国家命运的兴衰史;从微观着目,是一个家族生生不息、血脉流动的命运史。编村志是一种不可忘却的纪念;可以从那里总结经验教训,走好以后的路。《马村志》如下图所示。  《马村志》封面图
序号	CZ—002
项目	描写内容

族谱	马村族谱如下图所示。  **马村族谱**
序号	CZ—003
项目	描写内容
村规民约	村内历史上比较重要的村规民约内容全文如下。 (1)提倡爱国、爱党、爱社会主义、爱集体,支持改革开放和现代化建设,不做有损于国家、党、社会主义和集体的事,不损坏和侵占公共财物,违者除责令其赔偿损失或退回财物外,视其情节罚款 50～100 元。 (2)提倡文明礼貌,团结友爱,拥军优属,扶贫助难,移风易俗。不打骂,不要流氓,不侮辱他人。违者令其上门赔礼道歉,并做书面检讨公布于众;无理打人致伤者,要负责受伤者的医疗费、生活费和误工费,并做书面检讨公布于众,情节严重者送司法机关处理。 (3)提倡遵纪守法,自觉执行计划生育,禁止违法婚姻,自觉遵守公共秩序,对故意扰乱公共秩序、生产秩序、教学秩序而不听劝告者,除令其书面检讨公布于众外,视情节罚款 50～100 元。 (4)提倡家庭和睦,敬老爱幼。家庭要管教好青少年,不虐待父母、妻子、子女,不包庇、祖护、放纵子女的违法行为。违者,须做书面检讨公布于众,情节严重或已构成违法犯罪的报司法机关处理。 (5)提倡艰苦创业,勤俭节约。提倡学技术、用技术。提倡勤劳致富,合法经商,反对铺张浪费、贪图安逸、追求享受;反对拜金主义、极端个人主义。 (6)提倡开展健康的文体活动,反对聚众赌博。参与赌博者,除没收赃物、脏款、脏具外,据情节给予罚款 50～100 元不等。 (7)提倡无神论,尊重宗教信仰自由,禁止道公巫婆利用封建迷信蛊惑人心,扰乱社会秩序,扰乱民心,违者罚款 100～200 元;情节严重者,报司法机关处理。有意殴打他人情节严重,罚其凶手付款,并公布于众。 (8)提倡行为美,不损坏他人东西;反对小偷小摸行为,反对任何破坏生产的行为。违者令其退赔并进行罚款教育,屡教不改或情节严重者,报司法机关从严处理。 (9)坚持生产资料集体所有制不变,努力管好责任田,发展生产,严禁以种种理由非法要回土地、土改田、祖宗地(包括园地、坡地、山林),严禁霸占宅基地。建私房要向村委会提出用地申请,经国土主管部门批准后方能兴建。 (10)提倡精神文明,要履行公民的各项义务。正确处理好国家、集体、个人三者关系。按时交纳各项提留统筹费,积极参加集体活动,关心支持教育事业,敢于坚持正义,批评丑恶,关心社会治安,敢于同坏人坏事、不法分子做斗争

第5章 附澄迈火山岩民居建筑、古村落村庄调查登记表(样表)

表5.1 村落基本信息调查表

村落形成年代	☐ 元代以前 ☐ 明代 ☐ 清代 ☐ 民国时期 ☐ 建国以后	村落形成原因	
村域面积	平方公里	村庄占地面积	亩
户籍人口	人	地形地貌特征	☐火山岩丘坡 ☐砂土坡 ☐其它特征
常住人口	人		
村集体年收入	万元	村民人均年收入	元
主要民族	_____族	列出产值较高的2-3个主要产业	水稻、甘蔗、反季节瓜菜
村落是否列入各级保护或示范名录	列入历史文化名村: ☐国家级 ☐省级 列入特色景观旅游名村: ☐国家级 ☐省级 列入少数民族特色村寨试点示范: ☐是 ☐否 其他,请注明名称及由哪一级认定公布: _____		
保护规划及保护利用状况	保护规划	☐有,规划名称是: _____ 规划批准单位是: _____ ☐无规划	
	保护利用状况 (可多选)	☐闲置废弃 ☐照常使用,没有特别的保护措施 ☐发展旅游和服务业 ☐以博物馆的方式进行保护 ☐其他,具体为: _____	

表 5.2　村落传统建筑调查表

	建筑名称（见注释）	建筑年代	建筑规模（平方米）	各级文物保护单位及数量	认定为历史建筑的数量
基本信息				国家级：　　处　省级：　　处　市级：　　处　县级：　　处　第三次全国文物普查新发现不可移动文物数量：　　处　文保单位是否为古建筑群：□是　□否	市级政府认定：　　处　县级政府认定：　　处
	注：建筑名称填写民居、祠堂、庙宇、书院、牌坊等，以及乡土建筑名称，如徽派民居、XX 故居、吊脚楼、土楼、窑洞等。如传统建筑较多，可按表格内容另加附页。				
	全部传统建筑占村庄建筑总面积的比例：　　　　（％）				
村落简介	内容要求：简述村落整体风貌特征，传统建筑集中连片分布和保存的情况，主要传统建筑建造工艺特点和文化内涵。（空白不足可另加附页）				
图纸及照片	要求：提供村落平面布置图，并标明传统建筑位置，提供反映村落整体风貌保持情况的照片，提供传统建筑集中连片分布照片，提供各类重要代表性建筑主体和细部（如建筑材料和工艺）照片，作为本栏附页。每张照片需注明拍摄对象和时间。				

注：传统建筑是指历史建筑、乡土建筑、文物古迹等类建筑。

如村落无传统建筑可不填写此栏。

表 5.3　村落选址和格局调查表

对村落选址、格局有重要影响的历史环境要素及数量			注:历史环境要素名称填写古河道、古树、古井、传统公共空间等。
名称: 河道(沟渠)	数量:	条	
名称: 古道	数量:	条	
名称: 村前田	数量:	亩	
名称: 古井	数量:	个	
名称: 古树	数量:	棵	

选址和格局简介	要求:概述村落选址特色和形成背景,村落格局特征(如空间、路网、水系、寨墙等),重要历史环境要素分布,以及村落整体风貌保存情况。
照片及图纸	要求:提供反映村落与周边环境协调性、体现村落选址特色和文化的照片或图纸,提供反映街巷格局和公共空间布局照片或图纸,提供各类重要历史环境要素照片,作为本栏附页。每张照片要注明拍摄对象和时间。

注:如村落无保持传统特色的选址和格局可不填此栏。

表 5.4　村落承载的非物质文化遗产调查表

基本信息	名称	
	级别	□国家级 □省级
	类型	□民间文学 □传统音乐　□传统舞蹈 □传统戏剧 □曲艺□民俗 □传统体育 □游艺与杂技□传统美术　□传统技艺　□传统医药
	是否确定传承人	□是　□否
	项目存续情况	□传承良好　□传承一般,无专门管理　□濒危状态
	与村落依存程度	□必须依托村落存在　□不需依托村落存在
	活动规模	□10 人以下　□10 至 30 人　□30 人以上　□全村参与
	传承时间	□连续 100 年以上　□连续 50 年以上
非物质文化遗产简介	要求:概述非物质文化遗产的产生和发展,至今是否仍以活态方式传承,与村落的密切关系,传承活动内容与形式。	
照片	要求:提供反映活动场景和活动空间的照片,提供重要传承活动器具、传承人照片,作为本栏附页。每张照片需注明拍摄对象和时间。	

表 5.5　村落人居环境现状调查表

基础资料	居住在传统建筑的居民数量:　　　　　　人				
	现有设施状况 (有即可勾选)	□入户自来水　□垃圾收集设施　□排水设施　□入户煤气 □公交站点　□卫生室　□有线电视　□消防设施　□已改造电网			
	村内道路	已建成　　　　年	公共照明	□全村有 □局部地段有 □无	
		上次维修为　　　　年前			
		路面:□沥青或水泥路　□土路 　　　□传统石、砖路　□其他			
	污水处理设施	□村内集中处理 □单户或多户分散处理 □无处理	厕所	□公用　□分户	
				□旱厕　□水冲厕所	
	垃圾处理方式	□卫生填埋　　　□简易填埋　　　□直接焚烧　　　□送往镇(县)处理			
村落环境状况简介	要求:简介村庄内部和周边环境现状。				
照片	要求:对村落自然环境、居民居住条件、给水、排水、道路、垃圾收集处理和污水处理设施等现状拍照记录,作为本栏附页,并注明拍摄对象和拍摄时间。				

表5.6 传统村落保护意见表

村民保护意见	1.对本村的火山岩古石屋、古石道、古井要整体保护,不得拆迁重建。 2.不得在古建筑群中新建水泥钢筋楼房。 村委会盖章: 日期: 年 月 日
县级保护意见	 盖章: 日期: 年 月 日
省级意见	 盖章: 日期: 年 月 日
专家意见	 专家组长签名: 日期: 年 月 日

后　记

　　本书是在夏敏主持的海南省社科联课题项目研究基础上调查研究而整理出来的第一手资料。虽对澄迈火山岩民居建筑形态和传统古村落的文化习俗做了较详细的研究,但这些都只是作为一些数据以供后来研究者参考。本书仅仅是对现存的火山岩民居建筑形态与保护现状及其环境做调查研究的一种整理,如实反映一个时期的火山岩民居建筑形态。调查研究工作是在本课题组成员的配合之下,经历约两年的时间才真正完成,其中整理文献资料所花时间最长。

　　同时感谢澄迈县文化部门,在其大力支持下才能顺利完成调查工作,并且提供很多第一手数据,为编写本书提供了丰富的资料材料。

课题主持人:夏敏(三沙市旅游文化和交通运输局)
结题报告执笔:周乃林(琼台师范学院)、夏美娟(琼台师范学院)

课题组成员:
夏敏(三沙市旅游文化和交通运输局)
周乃林(琼台师范学院)
夏美娟(琼台师范学院)
张立(琼台师范学院)
陈进东(琼台师范学院)
马杰(海南师范大学)
邹世全(海南楚云轩文化艺术交流有限公司)
陈立立(江西科技师范大学)
王康海(琼台师范学院学生)
熊海龙(琼台师范学院学生)